「江戸前の海」が
「サンゴ礁の海」
になる？

# 東京湾
## 生物の不思議・最前線

潜り続けて60年、
伝説のダイバーからの
メッセージ

尾崎幸司

つり人社

# はじめに

私は東京の江戸川区に生まれ、十五歳の時から七十五歳の現在まで、東京湾に親しんで来ました。はじめは子供の頃に経験した潮干狩りや釣りなどでした。その後、若くして始めたスキューバダイビングで驚きの水中世界を見て、興味を持ちました。しばらくは水中銃や手モリで魚を追いかけましたが、水中カメラの進歩による水中映像の魅力に目覚め、水中銃を水中カメラに持ち替えて、東京湾の魚やタコなどの生物の生きざまを撮影し始めたのです。

子供の頃の東京湾奥は、まだ戦後の面影があり、アシが生い茂り、ヨシキリと呼ばれる野鳥たちの楽園でした。ところが、一九六十年から七十年代の高度成長期にかけて、海は公害で水面が泡立ち、河川は汚染されて悪臭を放ち、湾奥で魚介類を見ることが難しくなりました。急激な国の構造改革と都市化のため、東京湾の自然対策は遅れ、生活排水や工場排水など化学物質の垂れ流しにより、「死の海」へと歩み始めてしまったのです。私は行き場のない不安感でいっぱいでした。

時は流れ、平成の世が終わりを迎える前年、東京湾にザトウクジラが現れ、大きな話題を呼びました。また、前後してホホジロザメや魚類最大の

ジンベイザメ、ミンククジラ、マンボウ、ヒメイトマキエイなどの大型種も定置網に入っています。東京湾は、やはり他の湾とは違っているのではないかという確信を私は持ちました。しかも、これらの巨大な生物は、ずっと昔から季節により、餌を追ってやって来ていたのです。

近年、東京は国際都市としての環境意識が高まり、化学的な水質浄化の能力も向上し、東京湾や河川にも表向きは少しずつかつての大自然が戻って来たかのように見えます。隅田川が流れるスカイツリーのお膝元の水路や多摩川、江戸川にもアユの姿が見られるようになりました。また十月頃になると、これらのアユが下流域で産卵します。

私は魚類学者ではありません。ただ、東京湾の生物を六十年にわたって水中カメラマンとしてウオッチングして来ました。だからこそ、変化を感じるのです。

今まで、東京湾の水中映像をＴＶなどを通じて発表してきました。この湾の変化と魅力は、ひと言では表せません。たとえば、東京湾にはたくさんの外来種が、海外から船舶のバラスト水に混じって、あるいは船体に付着して訪れています。それらは適応して繁殖し、今では新しい生態系が生み出されています。私は、その現在の姿を一冊にまとめ、都会のオアシスであるべき東京湾の海の魅力あふれる生物を紹介したいと思ったのです。本書をお読みいただき、何かを感じていただければ幸いです。

目　次

装丁　神谷利男デザイン株式会社（神谷利男・坂本成志）
地図　廣田雅之

水中映像カメラマンが見た
**東京湾 生物の不思議**
最前線ダイジェスト

# 姿を現した巨大生物

# ザトウクジラ

個体によっては体長十四メートル以上、体重三十トン以上に達することもある。江戸時代の人たちはクジラを、海を支配するモンスターのように思っていたようだ。当時の文献、浮世絵には度々クジラが登場する。

(三十五頁 ザトウクジラがジャンプする!)

体長二メートル、体重九百キロで世界最大級のウミガメ。クラゲを主食とするため、海面を浮遊するビニールやプラスチックの誤食が問題になっている。

（五十八頁　巨大オサガメが東京湾に出現！）

# オサガメ

# ジンベイザメ

東京湾で見られるのは体長四～五メートルの子供が多い。千葉県館山市の波左間海中公園では、毎年、何尾かのジンベイザメが定置網に掛かる。そこで沖縄のジンベイザメの研究チームがサメのヒレに器具を取り付け、追跡調査を行なった結果、驚くべきことが分かった。

(四十頁 ジンベイザメは遊ぶのが大好き)

体長三メートル、体重二トン以上。マンボウはよく大海の真ん中で体を横たえ、水面に浮かんで昼寝をしている。その間に、体に付いた寄生虫を強烈な日光で殺し、カモメに取ってもらう。魚の行為はすべて生きるためのもの、無駄なことは決してしない。

(四十四頁 マンボウと一緒に泳ごう)

# ウシマンボウ

# ホホジロザメ

体長五メートル、体重一・二トン。ご存じ、映画『ジョーズ』で世界的に有名になったサメ。東京湾ではクジラなどを追って入ってきた個体が定置網に掛かる。またクジラは大量の糞をするので、その臭いに誘われて入って来た可能性もある。

(三十七頁 ジョーズが東京湾に現れた！)

# メガマウス

体長六メートル、体重一トン。ミツクリザメと並んで原始的な形態をしたサメで、熱帯から温帯の深海に生息する。ハワイ沖で生体が発見され、一九七六年に新種のサメと認定された。

(四十二頁 怪魚のメガマウスが出現)

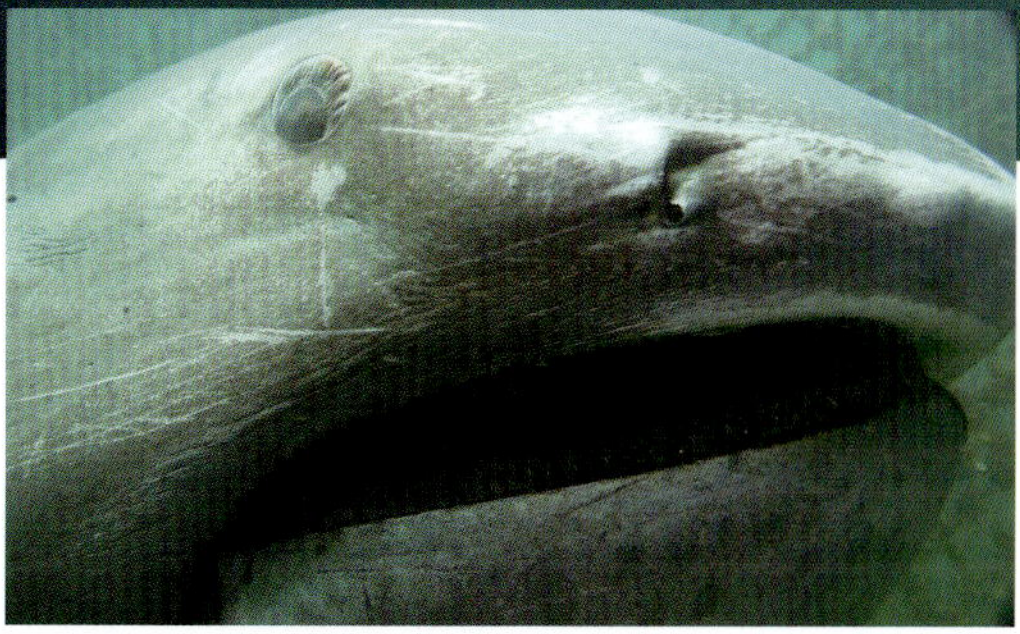

水中映像カメラマンが見た
**東京湾 生物の不思議**
**最前線ダイジェスト**

# 生物たちの不思議な生態

# タチウオ

タチウオの名前の由来は、太刀に似た外見から説のほか、写真のように立ち泳ぎで頭上の獲物に飛び掛かり、捕食する独特のようすからそう呼ばれるようになったともいわれる。

## ウツボ

ウツボは映画の『エイリアン』を彷彿とさせるインナーマウスを持つ
(四十八頁　二つの歯を持つウツボ)

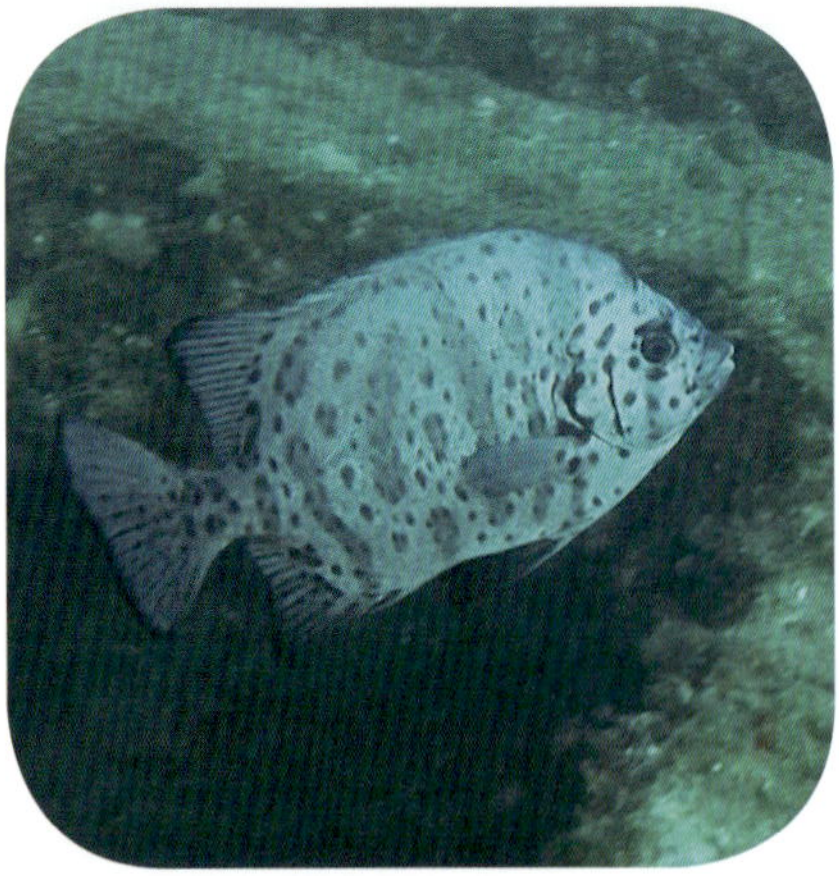

## イシガキダイとイシダイのハイブリッド

千葉県の館山沖では、縞模様と石垣模様が混じった個体をよく見かける
(五十六頁 イシガキダイとイシダイのハイブリッドも)

## イッカククモガニ

アメリカから運ばれてきて東京湾に棲み付いたカニ。オスは大変な愛妻家
(五十頁 メスのお産を手伝うイッカククモガニ)

## ヒメコウイカ

オスは、気に入ったメスの前で体をくの字のように細く見せて恋のダンスを踊り出す。さらに一瞬だけピカリと体を光らせてメスの気を引こうとする
(五十二頁　恋するヒメコウイカのダンス)

## マダコ

岩の下に姿を隠したメス（写真では目だけが見える）に、オスが交接腕を差し込んでいる
(九十一頁 マダコの特異なセックス)

# アオリイカ

産卵期を迎えたアオリイカは、産卵場所を求めてまず一匹が姿を見せる。次の日は数匹の小隊が偵察に来る。その後、今度は十匹の中隊がやって来る。そして、ついには数十匹もの大隊が押し掛ける

（六十頁 産卵期は受難期でもある）

## こんな危険な生物に注意！

（八十八頁 コラム）

ミノカサゴ

アカエイとその毒針

ゴンズイ（ゴンズイ玉）

ヒョウモンダコ

水中映像カメラマンが見た
**東京湾 生物の不思議**
**最前線ダイジェスト**

# 貴重な干潟と海藻

## マハゼ

江戸前を代表する魚の一つ。釣り人を乗せたハゼ釣りの舟が海上にひしめくさまは、かつて東京湾の秋の風物詩だった

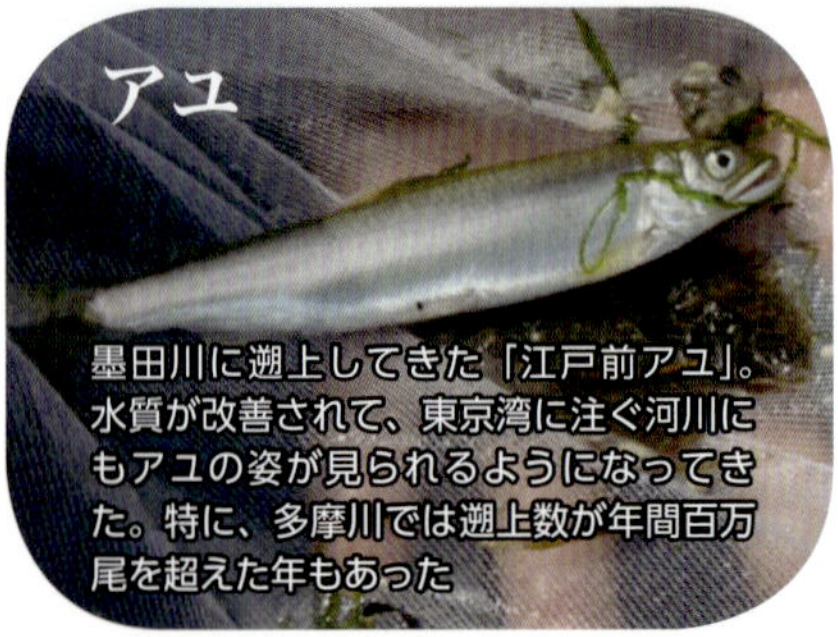

## アユ

墨田川に遡上してきた「江戸前アユ」。水質が改善されて、東京湾に注ぐ河川にもアユの姿が見られるようになってきた。特に、多摩川では遡上数が年間百万尾を超えた年もあった

## シロミルガイ

干潟には大量の貝類も生息する。上写真の三番瀬では近年、ホンビノスガイがよく取れるようになった（七十八頁 ニューヨークに棲むホンビノスガイが東京湾にも）

# 三番瀬

浦安市、市川市、船橋市、習志野市の前海に広がる三番瀬は、「生物のゆりかご」とも呼ばれる貴重な存在。東京湾には多くの干潟があったが、ほとんどが埋め立てられてしまった

広大な貯木場跡だった通称・有明十六万坪は、ハゼなど多くの生物にとって楽園の浅瀬だった。しかし、東京都は多くの人々の反対を押し切ってこの海域を埋め立てた。写真はまさに埋め立てが進んでいる時のようす

## 海藻

中央がマメタワラ、右がカジメ。海藻の復活は東京湾のこれからの課題の一つ

水中映像カメラマンが見た
**東京湾 生物の不思議**
最前線ダイジェスト

# 東京湾の海がサンゴ礁の海になる!?

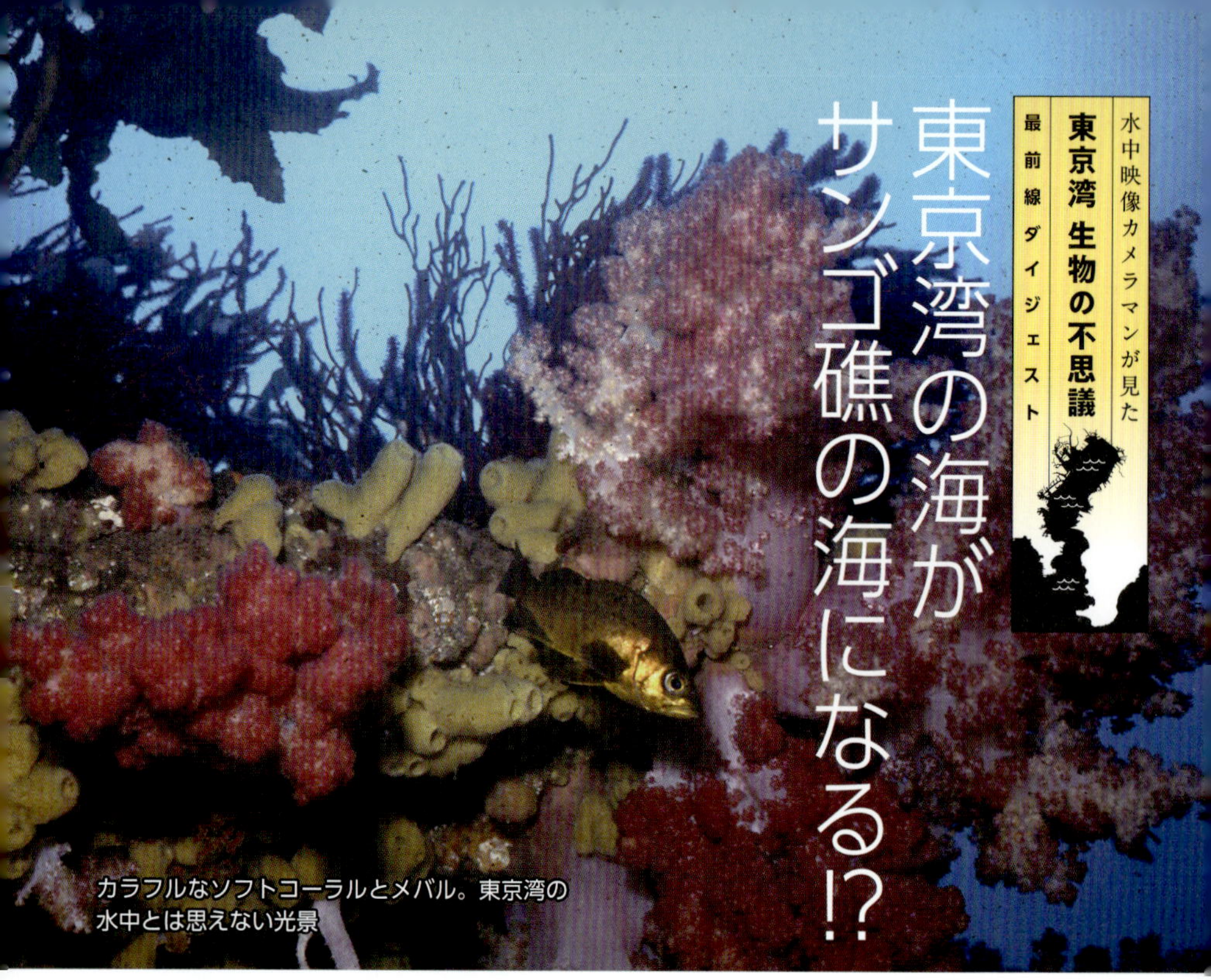

カラフルなソフトコーラルとメバル。東京湾の水中とは思えない光景

魚のために設置されたはずの人工漁礁が、思わぬ成り行きに
(百十二頁 人工漁礁がソフトコーラルの楽園に)

なんとテーブルサンゴも見られる

館山・波左間海中公園には海底に神社がある。ソフトコーラルに囲まれ、
色とりどりの魚（手前はコブダイ）が泳ぐ様子は竜宮城のようだ

ハードコーラルの一つ、アワサンゴ

ウミトサカの仲間。
見た目はブロッコリーかキノコのよう

生まれたてのサンゴ（指の先）

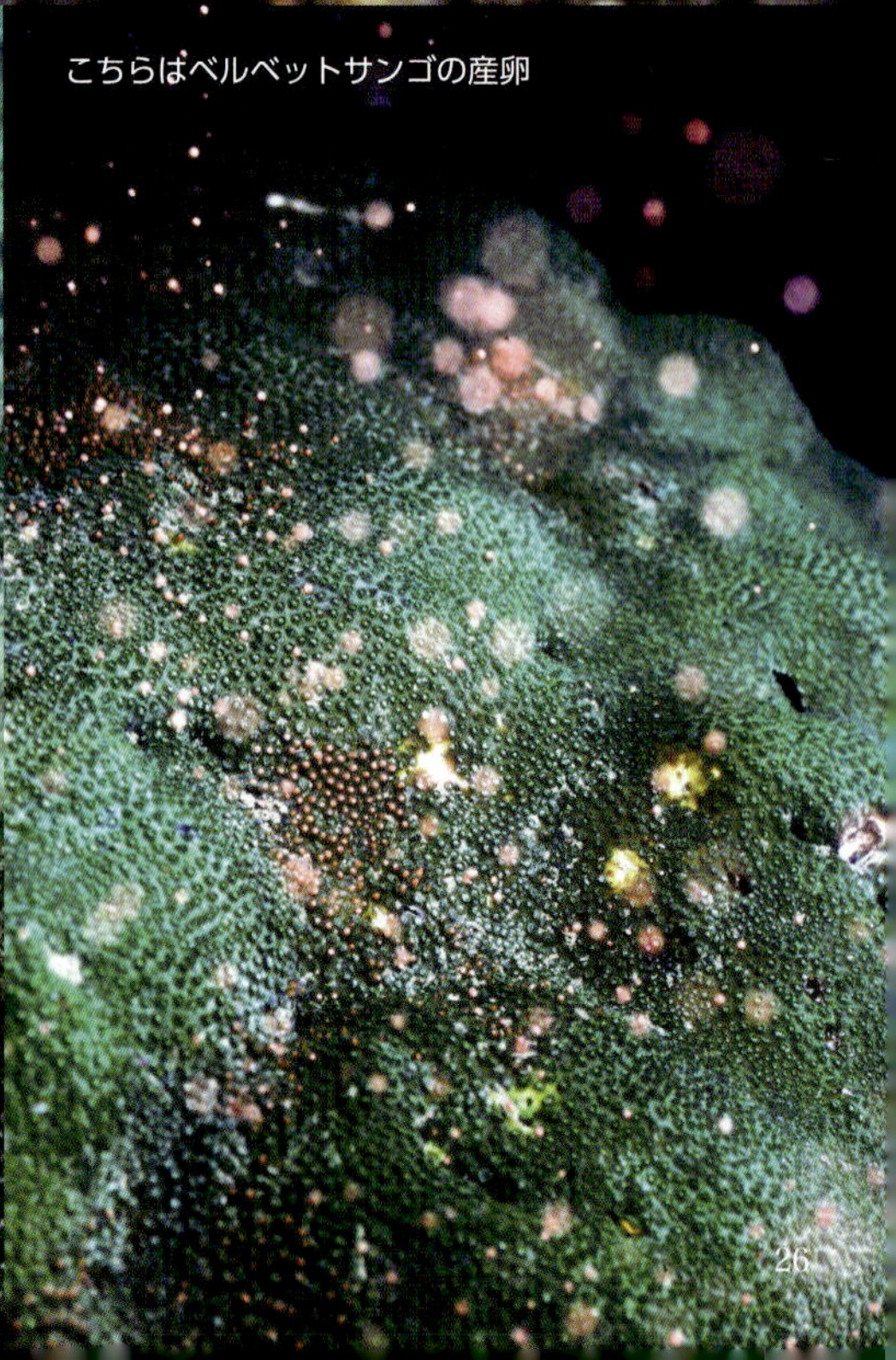

こちらはベルベットサンゴの産卵

千葉県・岩井沖で撮影したミドリイシの産卵
（百十一頁 東京湾の海底でサンゴが産卵する？）

# 南方系の魚も よく見られるように なってきた！

アカハタ

オオモンハタ

# ダイバーに人気の生物

ミジンベニハゼ

ベニゴマリュウグウウミウシ

イロカエルアンコウ

イガグリウミウシ

ダンゴウオ

ヒメイトマキエイ

# 釣り人に人気の魚

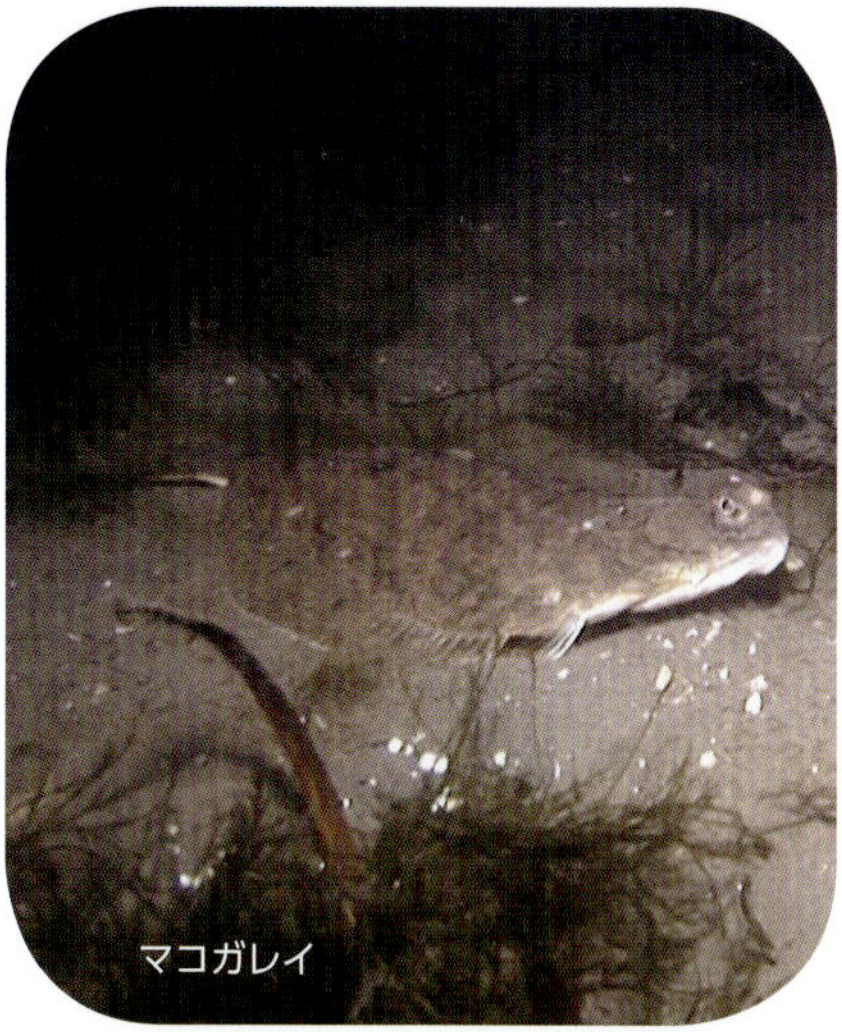

# まだまだ魅力的な生物がいる

アナゴ

ケンサキイカ

アナハゼ

アイナメ

イイダコ

イセエビ（七十七頁 アクアラインの橋脚にはイセエビが棲んでいる）

ナマコ（産卵中）

アカアマダイ

ツキヒガイ

ネコザメ

ウナギギンポ

ヤナギウミエラ

ハナアナゴ

セグロイワシ

マトウダイ

セミホウボウ

# 東京湾全体マップ

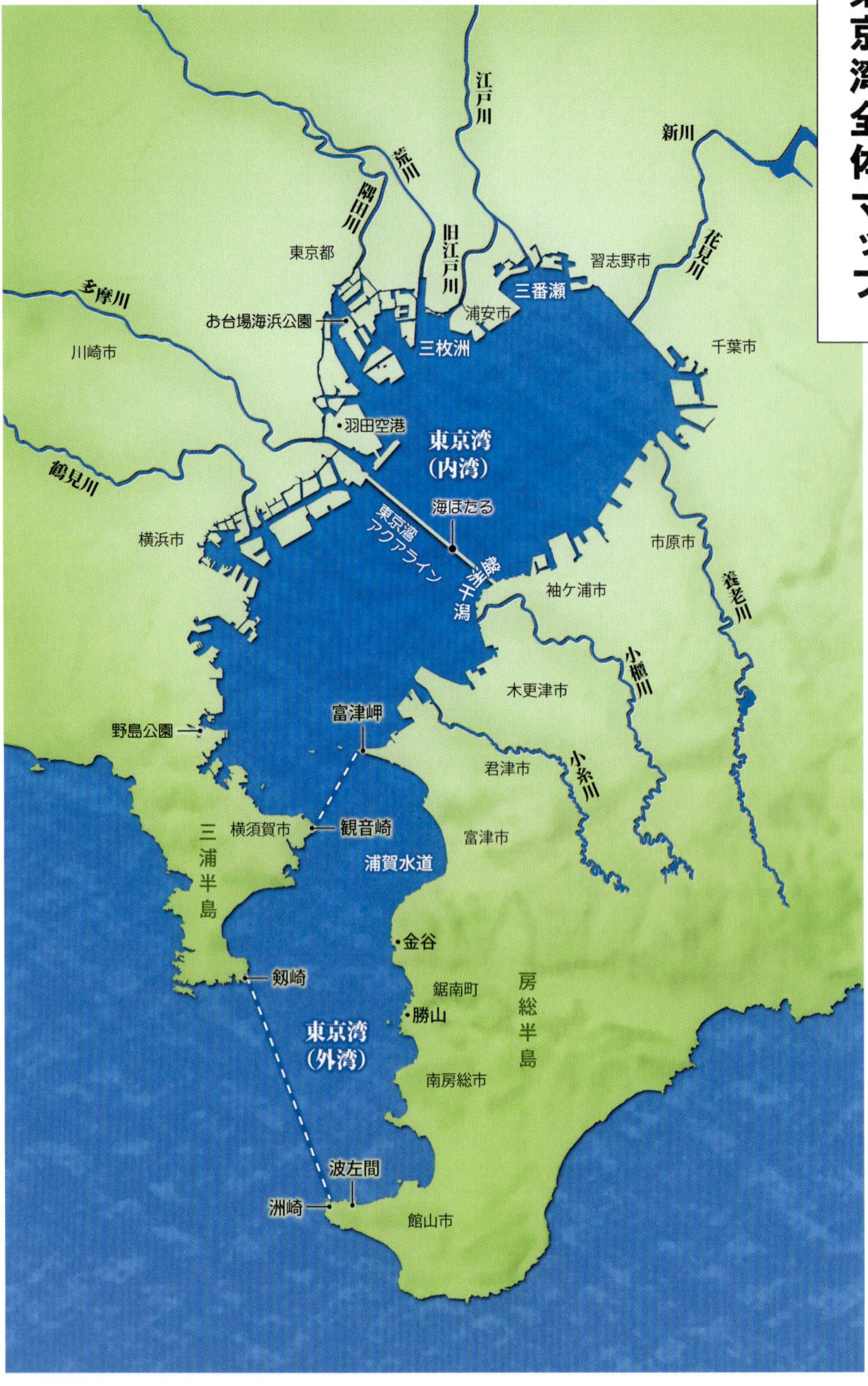

江戸川
新川
荒川
隅田川
旧江戸川
花見川
東京都
習志野市
多摩川
三番瀬
浦安市
お台場海浜公園
三枚洲
千葉市
川崎市
羽田空港
東京湾（内湾）
鶴見川
海ほたる
東京湾アクアライン
横浜市
市原市
盤洲干潟
養老川
袖ケ浦市
小櫃川
木更津市
富津岬
野島公園
小糸川
君津市
三浦半島
横須賀市
観音崎
富津市
浦賀水道
金谷
剱崎
鋸南町
房総半島
勝山
東京湾（外湾）
南房総市
波左間
洲崎
館山市

東京湾は、大阪湾や伊勢湾と並ぶ大きな湾であり、東京都、千葉県、神奈川県に面した広大な入江の海です。湾は内湾と外湾に分かれています。内湾は富津岬と観音崎を結ぶ線の内側、外湾は洲崎と剱崎を結ぶ線の内側の海です。

内湾は江戸時代から埋め立てが進み、海岸沿いを湾岸道路が走り、羽田空港は拡大し、ビルが林立しています。今でもわずかに干潟や砂浜などの自然が残る場所では、大勢の市民が潮干狩りを楽しんでいます。内湾には、鶴見川、多摩川、隅田川、荒川、江戸川、花見川、養老川、小堰川、小糸川などが流れ込み、ウナギやアユなど、川と海を行き来する魚たちの姿も見られます。また、横浜側と、砂地の多い浦安側では、同じ内湾でも生物の生態が違います。

黒潮が流れ込む外湾は、内湾とは生物相がまるで異なります。海底は岩礁が多く、生息する魚類や生物は、伊豆の海に似ています。黒潮に乗って南方からカラフルなチョウチョウウオや大型のジンベイザメ、ヒメイトマキエイなども回遊し、時にはザトウクジラが入り込んできて人々を驚かせています。

# 第1章

# 今、東京湾で何が起きているのか？

60年間、この海に潜り続けてきた

## ザトウクジラがジャンプする！

東京湾というと、一般的には、まだ「汚れた海だ」という印象が強いと思います。しかしそんな折、突然、大型で沖縄に棲むザトウクジラが現れてジャンプしたのです。都会の人たちはびっくりです。二〇一八年六月十八日、第三区海上保安本部に目撃情報が入りました。通報したのは東京・江戸川区にある葛西臨海公園沖を航行する漁師でした。同本部はただちに近海を航行する船舶に、クジラとの接触を注意するよう呼び掛けました。

ところがその後、七月八日午前七時十五分頃にも再びザトウクジラの目撃情報が寄せられたのです。場所は千葉県袖ケ浦市・長浦の沖合七キロです。つまり東京湾アクアラインの「海ほたる」パーキングエリアの北で、釣り船の船長からでした。それもユーチューブで、ジャンプする映像が公開されたのです。

クジラは水面から顔を出したり、高くジャンプしたり、胸ビレを「こんにちは」というように振ったり、尾ビレで水面を叩いたりと、無邪気に遊んでいるように見えます。この映像を見た東京海洋大学中村玄・助教授は、「胸ビレの特徴からザトウクジラに間違いありません。餌のイワシを追って迷い込んだのでしょう」とコメントしました。マスコミも大騒ぎです。東京湾にこんな巨大な生物が棲んでいようとは夢にも思わなかったからです。

しかし私は、かねてから東京湾のザトウクジラの存在を知っていました。またほかにも、セミクジラやミンククジラなどの鯨類が迷い込んでいたのです。その映像も撮っていました。

鯨類の存在は、江戸時代から目撃され、記録に残されています。正徳三年（一七一二）に書かれた当時の百科辞典『和漢三才図会』には、次のような記述があります。「鯨は海中の大魚である。大きくて海に横たわり舟を呑む。海底の穴に住んでいる。鯨が穴から出ると海水は溢《あふ》れる。これを鯨潮という。あるいは鯨が穴から出るときは潮が下がり、入るときは潮が上がる」（『動物誌と動物譚』杉田英明編／平凡社より）

江戸時代の人たちは、クジラが海を支配するモンスターのように思っていたのです。そのため海が荒れて海難事故が起きると、浮世絵師で有名な歌川国芳は、「宮

ザトウクジラ。東京湾の海では昔から迷い込んできた鯨類の姿が目撃されており、
江戸時代の文献にも記録が残されている

本武蔵の鯨退治」と題した錦絵を描きました。剣豪の宮本武蔵がクジラの背中にパッと跳び乗り、大刀をふりかざして背を突き刺そうとする図です。まさにモンスター退治の絵なのです。当時の人たちは、ナマズが地震を起こし、クジラが海、つまり潮流を支配していたという俗説を信じていたのです。ちなみに雷はムササビでした。両国の見世物小屋には、雷の主としてムササビが展示されていたそうです。

　オランダから長崎へ来た医師のシーボルトは、将軍家斉に会うため長崎から江戸へ向かいました。その時のことを書いた『江戸参府紀行』（文政九年＝一八二六）にもクジラの記述があります。

「日本の海では、セミクジラが最も多く姿を現す。この鯨の肉はおいしく、日本人の好みに合い最も珍重される」「一匹の大きなセミクジラは3千6百両から4千両までもする」「日本では普通25の小舟と8隻の割合大きな舟が船団を作って捕鯨に出かける」（『江戸参府紀行』フィリップ・フランツ・フォン・ジーボルト／斎藤信訳／平凡社より）

　江戸時代のクジラの需要は、生活の灯火用であり、食

用でもありました。また骨やヒゲは手芸品の素材として武士や町人に珍重され、釣り竿の穂先にも使われました。

幕末になると、アメリカのペリー提督が浦賀に来航して開国を迫ります。自国の捕鯨船の石炭や水の補給基地を日本に作りたかったからです。アメリカでもクジラの重要は高く、灯火用の油は生活の必需品でした。

このように東京湾での捕鯨は江戸時代から盛んであり、その記録は千葉県館山市の安房博物館（現・渚の駅たてやま）にもあります。保田村（現・鋸南町）では捕鯨の専門集団が「突き組」を組織してクジラを捕えました。その捕鯨絵巻や漁法、漁労用具も館内で展示されています。当時は、それほど捕鯨が漁業としてもてはやされていた時代なのです。その名残として、南房総市白浜町には供養のための鯨塚が、浦安市の稲荷神社には「大鯨」の石祠があります。私も金谷の海底で、ダイビング中に古い時代のクジラの骨や歯を拾っています。

東京湾でのクジラの騒動は、かつての時代では日常的なことだったのです。そのため現在でも、多くのクジラがイワシの群れを追い、伊豆大島から東京湾へ通じる深い海底谷を通って、湾内の奥深くまで進入して来るのです。ちなみに、クジラの潮吹きは生臭くて、獣の臭いがすることが知られています。

では、なぜ最近その姿が頻繁に見られるようになったのでしょうか。それは捕鯨規制によりザトウクジラの商業捕鯨が禁止されているため、個体数が劇的に増えたことが背景にあります。それと同時に東京湾の環境が以前に比べて浄化され、多くのエサとなる魚類が増え、そのエサを追って回遊して来たのです。いわば東京湾の浄化が彼らを呼んだといっても過言ではないでしょう。

## ジョーズが東京湾に現れた！

クジラに次いで、大型の魚といえばサメです。ホホジロザメが、東京湾に現れたというニュースが流れました。多くの人たちは、あの恐ろしい映画『ジョーズ』を思い出し、恐怖にかられたと思います。

『ジョーズ』は、一九七五年にピーター・ベンチュリーの原作をスピルバーグ監督が映像化したパニック映画。アメリカのニュージャージー州で実際に起きた事件を、ホラー風に仕立てたものです。私の友人ロン・テイラー

映画『ジョーズ』のおかげですっかり恐怖のイメージが定着した

もカメラマンとして協力していたので、スピルバーグ監督はホホジロザメの真実の生態を知っていたはずです。案の定、この映画は大ヒットしました。スピルバーグ監督は、トーク番組で「自分は臆病なので、『ジョーズ』を作って、サメをモンスターにして、多くの人を怖がらせたかった」と言っています。実際に、欧米人の間では昔からサメに対する恐怖心が強いのです。その心理を巧みに利用したのがこの映画だったのです。

ホホジロザメの生態は、映画のそれとは違います。冬の寒い海が大好きなホホジロザメが、夏季に東京湾の海水浴客を襲うなどということは本来ありえない話です。

ただ、日本人でも怖がる要素があります。それは一九九二年三月八日に起きた、愛媛県松山沖でタイラギ漁をしていた潜水夫がサメに襲われ死亡した事故です。これはショックでした。犯人がホホジロザメだということで、第六管区海上保安本部は巡視船やヘリコプターを飛ばし、地元の漁船四十艘がモリを積んで捕獲に向かいました。私もサメ研究家の一人として、「ホホジロザメ捕獲大作戦」に参加しました。落語家の立川談志も「シャークハンター必殺隊」を組織して瀬戸内海へ向かいました。この騒動で、日本中がジョーズパニックに陥ったのです。

結局、サメを捕獲することは出来ませんでした。ただ、人を襲った原因はいくつか考えられます。まず、瀬戸内海の沿岸に牛や豚の屠殺場が何か所かあり、血を海へ流していたため、その臭いをかぎつけてやって来たのではないか。また、近くでイルカの群れを追い込んでいたホホジロザメが瀬戸内海に入り込んだという説もあります。

いずれにしても、その時ホホジロザメの目の前に、タイラギを捕る漁師の姿が見えたとします。海底は暗く、タイラギを採取する時に出る音もサメの興味を呼びます。そしてホホジロザメは作業中の漁師を襲ったのではないか……。運の悪いことが重なった事故でした。

東京湾で見られるホホジロザメは、大型のクジラなどを追って入って来ることがあります。それともう一つ、クジラは大量の糞をします。その臭いに誘われて入って来た可能性もあります。さらに捕鯨禁止で鯨類の数がかなり増えていたため、ホホジロサメの数も多くなっていたのです。

ただ、二〇一九年二月に東京湾で捕獲されたホホジロザメの写真を見ると、定置網に掛かっています。つまり東京湾というのは、過剰なほど定置網が張られた海で、大型の鯨類やサメ類が掛かってしまう。同年六月までには二尾掛かっていることから、私の考えでは、一年の間に十尾くらいはホホジロザメが東京湾に回遊してきたのではないかと思います。

ホホジロザメの大きさは、体長五メートル。体重一・二トン。そして数尾で回遊しています。彼らは低い水温、例えば摂氏十五、六度の冬の海を好みます。私がホホジロザメに初めて遭遇したのは、南オーストラリアのポートリンカーンです。またサンタカタリナ島でも遭いましたが、いずれも水温の低い海でした。近年は水温に関係なく姿を見せる傾向がありますが、東京湾には先ほども述べた通り定置網の数が多く、海水浴場の人間を襲うことはないと思います。ですから、それほど心配する必要はないと思います。

二〇一九年四月八日の読売新聞に、ホホジロザメは「待ち伏せ型」のハンターだという記事が載りました。これは国立極地研究所の渡辺佑基准教授の発表です。渡辺氏は、オーストラリアのネプチューン諸島の海域で、ホホジロザメをエサでおびき寄せ、小型の計測器をヒレに取り付けました。調査の結果、ホホジロザメの泳ぐ速度は、時速三キロから五キロで、人間の歩く速度とほぼ同じです。そしてエサのオットセイに狙いを定め、待ち伏せて襲う戦法を取っています。襲いかかる時は、一気に加速して狩りをします。しかし『ジョーズ』のように、絶えず人を襲うことはないということです。とはいえ、腹を空かせたホホジロザメにとっては、オットセイも人間もエサなのです。また、このタイプのサメは、まず噛みついてから食べられるかどうかを判断するようです。

ホホジロザメは、現在では数が少なく、保護しなければならない野生動物の一つに数えられています。原始的な時代遅れのサメなのです。

## ジンベイザメは遊ぶのが大好き

巨大なサメといったら、やはりジンベイザメを紹介しないわけにはいかないでしょう。このサメは、東京湾の定置網にはよく掛かり、話題になっています。南方から黒潮に乗ってやって来る個体で、体長四メートルから五メートルの子供です。

ジンベイザメは通常三十歳で大人になるといわれていますが、モルディブの科学者チームの研究では、オスは二十五歳で大人になり、その寿命は百三十歳というから驚きです。アフリカの野生のゾウは、死ぬまで身長が伸びるといいます。ジンベイザメも死ぬまで体が大きくなるのかもしれません。同研究では、ジンベイザメの最大は体長十八メートル、体重十九トンだといっています。

私が、これまでに遭遇したジンベイザメは三百尾ほどです。その中で最も興味深かったのは、オーストラリアのエクスマウスのサンゴ礁で出会った個体です。それも捕食している最中でした。従来の研究では、ジンベイザメはサンゴの産卵の時に現れ、大量の卵を食べるといわれていました。しかし、私が見たジンベイザメは、サンゴの卵を食べに来たオキアミの大群も一緒に食べていました。また、その後の研究では、イワシや稚魚も食べているようです。東京湾にも、それらのエサを求めて回遊して来たのでしょう。

東京湾の波左間海中公園では、毎年、何尾かのジンベイザメが定置網に掛かります。そこで沖縄のジンベイザ

ジンベイザメはダイバーや水族館でも人気者

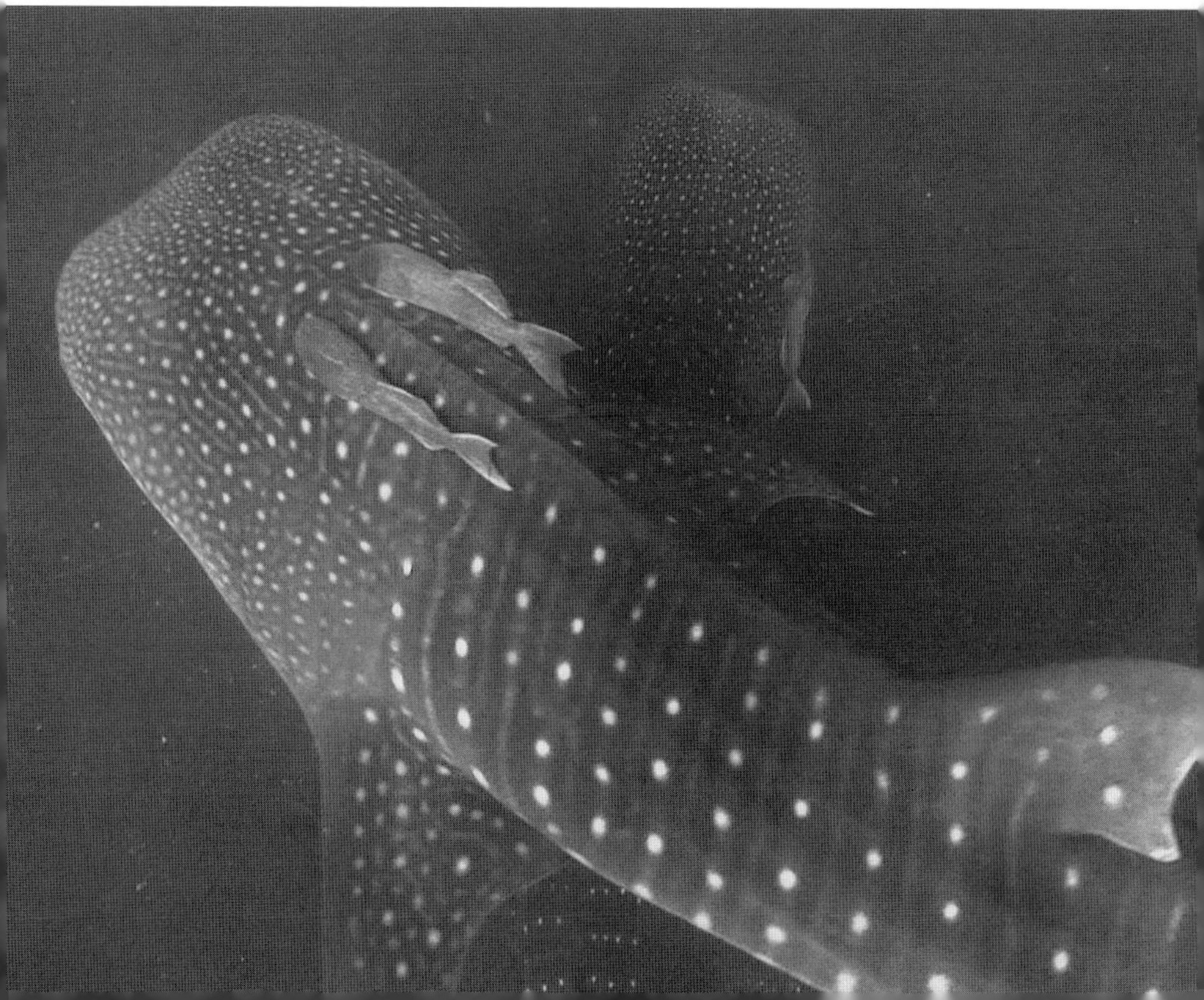

メの研究チームが、サメのヒレにバイオロキングの器具を取り付け、追跡調査を行ないました。その結果、驚くべきことが分かりました。東京湾を出たジンベイザメは、その後、太平洋の外海にエサを求め、実に八千キロもの長距離を泳いだのです。それも水深百五十メートルから二百メートルもの深さまで潜り、深海性のプランクトンを食べていました。これは、深海魚並みの能力の持ち主だといっていいでしょう。

ジンベイザメは昔から恵比寿鮫と呼ばれ、漁師には「幸せを呼ぶサメ」として喜ばれていました。つまり、大漁の神様なのです。ジンベイザメの周囲にはイワシやカツオなどの回遊魚が群れ、それを引き連れて来ますから、網を入れれば一網打尽です。漁師にとって、これほど嬉しいサメはいないでしょう。大漁をプレゼントしてくれる、福の神のようなものだったわけです。

私も千葉県の銚子沖で大きなジンベイザメに出会いました。体長はどのくらいあったのかよく分かりませんが、背ビレだけで、何と二メートルはありました。それだけに数多くの小魚や回遊魚を引き連れていたのは間違いないと思っています。

なぜ回遊魚がまとわりつくのか、その理由は肌にあります。ジンベイザメの表面はザラザラしています。周囲を泳いでいる回遊魚は、自分の体をその肌に擦りつけて、寄生虫を取っているのです。また巨大なサメということで、外敵から身を守るというメリットもあるでしょう。

それともう一つ、ジンベイザメの魅力は、ホホジロザメのように人を襲わないことです。むしろ人と遊ぶことが大好きなサメなのです。私が出会ったあるジンベイザメは、目の前で大きな口を開けたので、レギュレーターのエアーを直接入れてやったら、大喜びです。さらに立ち泳ぎをするので、白い腹をゴシゴシこすったらまた大喜び。それはまるで洗濯板のようにゴツゴツしていました。好奇心の強い魚なので、遊び相手が欲しかったのかもしれません。私にまとわりついて、なかなか離れないのです。エアーが続くなら一日中遊んでいたかった、それほど人なつこいサメなのです。日本中の水族館で、スターになったのも頷けます。

## 怪魚のメガマウスが出現

定置網に掛かったメガマウス。「幻のサメ」「生きている化石」などとも称される

メガマウスという「幻のサメ」がいます。このサメは、「生きている化石」といわれたシーラカンスに次いで、世界で注目を浴びた珍しい魚です。体長は六メートル。体重は一トンです。ミツクリザメと並んで原始的な形態をしたサメで、熱帯から温帯の深海に生息しています。沖縄では古代の地層から歯が発見されています。新種のサメと認定されたのはつい最近で、一九七六年のことです。ハワイ沖で生体が発見されたからです。

日本では、一九八九年に静岡県の海岸で発見されました。死んで打ち上げられていたのです。頭と口が異常に大きいので、大口鮫と呼ばれました。

メガマウスは、プランクトンやクラゲを主食としていて、歯はヤスリ状になっています。水深百メートルから二百メートルの海に棲む魚なのです。夜間になると、水深十メートルの浅瀬まで上がって来るというのですが、浮上しないので知る人は少ないと思います。また、その生態も詳しく解明されていないため、幻のサメと呼ばれていたのです。

このサメの味は、水っぽくて、不味い、ということで漁業関係者にはまるで人気がありません。ただ生物学的には貴重なサメであることは事実です。日本では福岡や三重、静岡、神奈川、千葉などで発見されています。東京湾（館山湾）の定置網に掛かったのは、二〇一七年五月二十二日で、定置網の中で生きている状態で発見されました。しかし翌日には死んでしまいました。深海性のサメなので、浅瀬では生きられなかったのでしょう。死骸は北海道大学水産学部の仲谷一宏名誉教授によって解剖され、貴重な内容が発表されました。

私はこの知らせを聞いた時、何としても生きているメガマウスの姿を直接見たいと思い、定置網の中に入って撮影しました。網の中のメガマウスは酸欠のため弱っていたので、直ちに大きなイケスへ移されました。体長は四メートルから五メートルで、ゆったりと泳いでいます。初めて見た印象は、口が異常に大きくてギョッとしました。よく見るとその口の中は、まるで老人のような歯をしていて、細かいのです。目も小さくて、赤いラインが入っています。まるでおじいさんのサメといった印象でした。

この古代のサメは、かつてより東京湾の東京海底谷の深窟に棲んでいて、エサを求めて上がって来ます。東京湾というのは、このような古代ザメまで生息する幅広い環境を持った海なのです。

## マンボウと一緒に泳ごう

東京湾では、マンボウの姿もよく見かけます。ことに二月から四月にかけて、よく回遊して来ます。マンボウには四種類あります。マンボウとウシマンボウ、ヤリマンボウ、カクレマンボウです。東京湾で見られるのは通常のマンボウが多く、よく定置網に入ります。ちなみにマンボウという名前の、「マン」は丸、「ボウ」は魚という意味です。つまり丸い魚ということです。

マンボウは賢い魚で、自分に危害を加えない、またはエサをくれる人だと知ると、すり寄って来ます。あの大きな瞳でじっと見詰め、好意を持ったしぐさには感動します。まさに海のアイドルにふさわしい存在です。

魚に表情があると知ったのは、マンボウと交流してからです。それ以来、海で出会った魚たちの表情を、じっと観察するようにしています。あの凶悪といわれるウツボからも、よく見ると喜怒哀楽の感情を読み取ることが

マンボウと遊ぶ私

出来るのです。
　マンボウはクラゲが大好物だという説があります。しかし、そうではありません。海の中で実際にクラゲを吐き出すシーンを見たことがあります。マンボウの好物はイカやエビなどです。
　あるとき私がイケスに入ると、マンボウがすり寄って来ました。その肌はザラザラしていて、いろいろな寄生虫が付いてます。海で出会った時、小魚がマンボウの周囲を囲んでいるのをよく見ます。それはマンボウの体に付いている寄生虫を食べるために寄って来ているのです。
　また、マンボウは、よく大海の真ん中で体を横たえて昼寝をしていることがあります。上にはカモメが止まり、休息しています。その光景を見て、マンボウは何とのんびり日光浴をしているのだろうと、うらやましく思う人もいるでしょう。しかし、それは違います。マンボウは、体に付いた寄生虫を強烈な日光で殺し、カモメに取ってもらっているのです。魚の行為はすべて生きるためのものであり、無駄なことは決してしないものです。

# 第2章

# 生物たちの不思議な生態

卵を守るマダコのメス。水中の生物の生態は驚かされることばかりだ

## オナラをする魚

「魚がオナラをする?」。そんな馬鹿な、聞いたことがない、という人が多いでしょう。しかし本当にオナラをするのです。

私が最初に見たのは外国の海でした。ツムブリの群れを撮影していた時、突然、その中の一尾がお尻から泡を出したのです。泡は水面に向かって浮き上がって行くほどに、どんどん大きくなります。そこで気がつきました。じっくりと目の前を泳ぐツムブリを観察すると、そのうちの一尾、いや何尾もがオナラをしているではありませんか。泡は斜めに走って浮上します。その光景は映像として、とても面白いのです。海外ではそんな光景を何度も見ました。

東京湾ではどうでしょうか。実は、見たのです。魚はブリの若魚のイナダで、やはり海外と同じように群れの中の一尾がオナラをしました。そして、気がつくと何尾もしているのです。

では、オナラとは何か? 魚がエサを食べた後、腸内にガスが溜まり、それを肛門から排出する。そのことは魚も人間も生理的には変わらない。だから生理現象の一つだといっていいでしょう。

では、どんな時に出すのか? それは興奮した時、逆にリラックスしている時、あるいは恐怖に感じた時などが考えられます。

漁師に聞くと、漁で網を引き揚げるとサバやブリなどが大量に入っている、その時、魚群に混じって大量の泡も出ているといいます。しかし、これは空気袋の圧力によるもので口から出ている泡です。

さて、先に挙げた推測以外でもオナラをすることがあります。それは魚たちの自己主張、つまり群れがいっせいにある方向を泳いでいる時、「俺はこっちの方向がい い!」と自己主張するのです。外国の研究者の発表では、ニシンが仲間との交信を図るため、あるいは自分の行動をするため、その方向を示すのだというのです。

いずれも、群れで行動する魚たちにとっては、必要なことかもしれません。ただ私が水中で観察していると、それほどの意味はなく、むしろ何気なく「俺はここにいるよ!」といった感じなのです。ある意味では、軽い自己主張でしょう。それにしても魚がオナラをするなんて、なんとユーモラスなことでしょう。そんな光景が、東京湾の中でも見られるのです。

## 空気を食べる魚

「空気を食べる魚がいる？　そんなことあるの」と思ってしまう人もいるでしょう。ダイバーなら頷く人も多いはずです。

例えば潜っていて、ふと水面を見上げると、自分の吐き出した泡に魚たちが集まり、盛んにその泡を食べていたりします。魚たちにとって、空気（酸素）を得るには直接水面で取るのもいいし、水中でエラから取るのもいい。しかし、ダイバーが吐き出した泡を食べる方が手っ取り早いということもあります。

それでは、どんな魚が空気を食べているのかというと、アジやサバ、そしてツムブリなどの回遊魚です。なかには前記したようにジンベイザメなど大型の魚もいます。

アジやサバは、ダイバーの吐く泡を盛んに利用します。それは泡を食べるだけではなく、体に付いている寄生虫を取るために利用しているのかもしれません。魚にとって泡は利用しがいのある存在なのです。

## 二つの歯を持つウツボ

ウツボは、東京湾でよく見かけます。洞窟や岩礁の奥に棲み、険悪な目でこちらを睨んでいます。その間、絶えず口を開けています。鋭い歯がチラリと見え、いかにもどう猛な印象で、その形相からか最も嫌われている魚といわれているのです。

ところでこのウツボ、口の中の構造が実にユニークです。一九七九年に封切られたＳＦホラーの古典映画『エイリアン』を観た方も多いでしょう。エイリアンは人を襲う時、まず牙を見せて相手に恐怖を与え、動けなくします。そして次の瞬間、口の中からもう一つの歯、インナーマウスと呼ばれる第二の顎が飛び出して来て相手に襲い掛かるのです。実は、あの歯の構造は、ウツボとトンボのヤゴを研究して制作したといわれています。

ウツボの場合、まず前の歯で獲物を捕えると、次の瞬間、咽頭顎が喉の奥から飛び出して来て獲物に噛みつき

ダイバーがエアーを吐き出すとすかさずアジの仲間が寄ってきて
それを食べ始める

ツムブリの群れを追いかけていたら右上側の１尾がオナラを
した（この頁の写真のみ東京湾以外での撮影。具体例として
掲載した。もちろん東京湾の魚たちも同じようにダイバーの
吐く空気を食べ、オナラをする）

インナーマウスで魚をとらえた瞬間

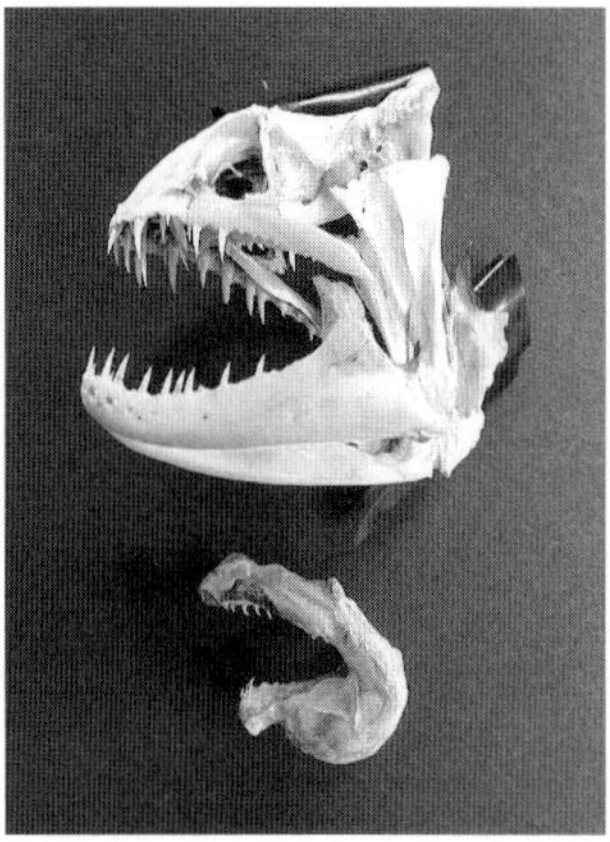
ウツボの頭骨（上）、
下がインナーマウス

ます。そして、噛み砕いて食道へ送ってしまいます。獲物は一度噛まれた後、第二の歯で引きずり込まれ、逃れられないのです。

ウツボの主食は、タコやイカなどの軟体動物です。そのため絶対に逃がさないように前の歯で獲物を捕え、インナーマウスの咽頭顎で噛み砕いて食べるのです。その迫力は凄まじいものがあります。ただし、ウツボがのんびりとを開け、オトヒメエビやホンソメワケベラ、ゴンズイなどにクリーニングしてもらっている時だけは、本当に嬉しそうです。まさに彼らとはフレンドリーな関係なのです。ウツボは、そんな陰と陽の二面性を持っています。

## メスのお産を手伝うイッカククモガニ

「カニがお産を手伝う？　そんな馬鹿なことがあるだろうか」と思う人も多いでしょう。そのカニは、エビ目・クモガニ科に分類されているイッカククモガニといいます。本来はアメリカのカリフォルニア州からコロンビア州沿岸に棲んでいます。船のバラスト水などによって東

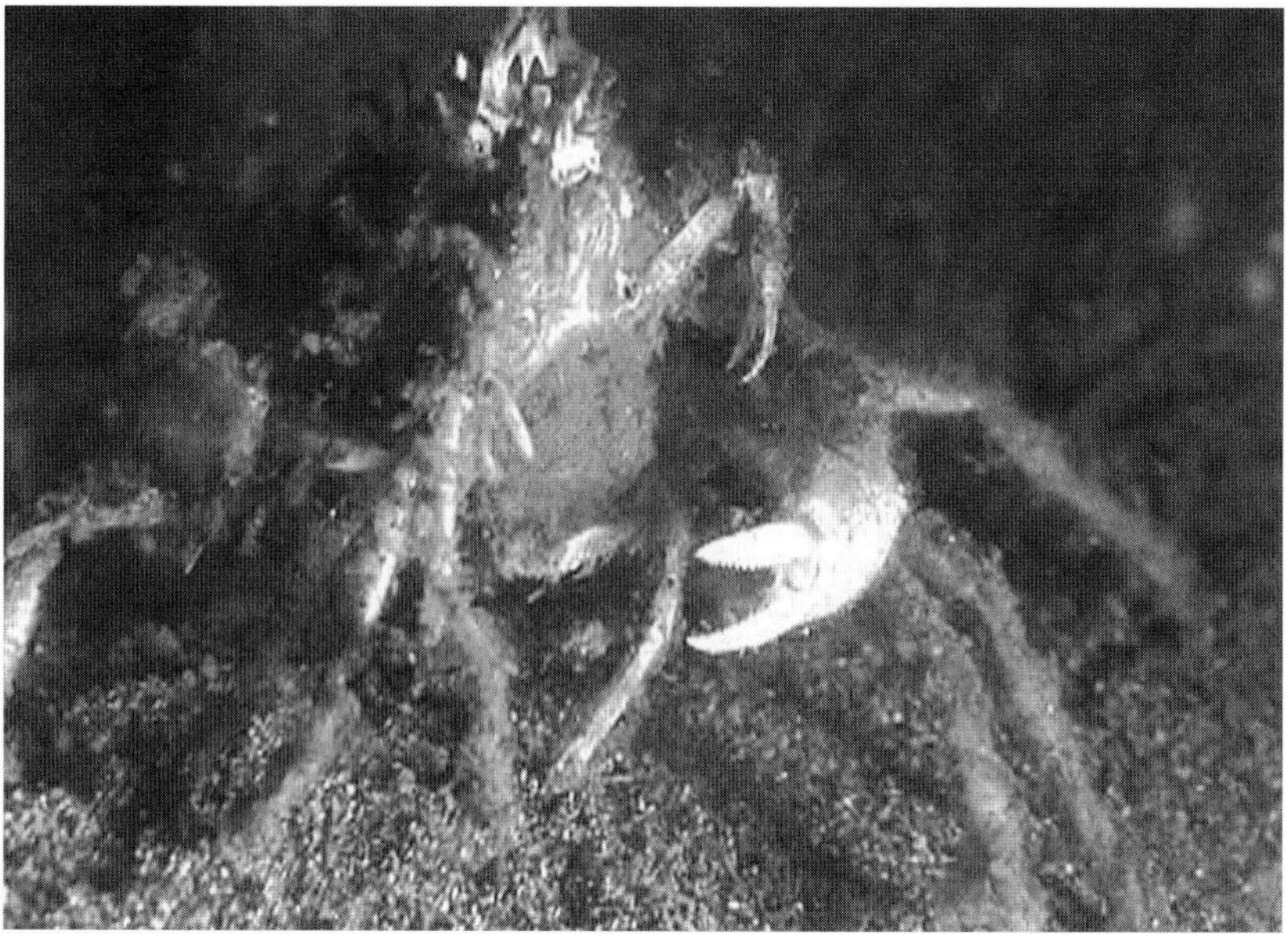

イッカククモガニは、オスが後ろからメスを抱えてお産を手伝う

京湾に運ばれて来た外来のカニで、東京ディズニーランドの裏にある浦安の海底でよく見かけます。

なぜ、このカニを取り上げたかというと、夫婦愛が素晴らしいのです。イッカククモガニのオスは、実に愛妻家で、気に入ったメスに出会うとすぐ自分の胸にしっかり抱き締め、自分やメスの足に付着している海藻やプランクトンをメスに与えます。さらに、メスのお腹に自分との卵が出来ると、幼生がハッチアウト（孵化）して潮に乗って流れ去るまで面倒を見ます。

自分の子孫を増やすため、メスにせっせと食事の世話をし、自分の精子注入した卵が孵化するまで手伝う。こんな生物がいるでしょうか。それもカニの仲間です。メスはその間、すべてオス任せで、両手のハサミを高々と上げ、バンザイの仕草をしながら幼生を腹から放出するのです。その光景はとてもユーモラスで、思わず笑ってしまいます。

魚にはある種の知性があることは認めますが、カニにもあるとは、とても思えません。やはり、生まれながら持っている本能というかＤＮＡなのでしょう。これまで多くのカニの生態を撮影して来ましたが、イッカククモガニのオスの愛情の深さには驚嘆します。また、これほど仲の良いカニも珍しいのです。ダイバーなら、東京湾でこの光景をウオッチングするといいでしょう。

## 恋するヒメコウイカのダンス

もう一つ、東京湾に潜って面白いと思ったのは、体長七センチ程のヒメコウイカのオスとメスの恋愛ゲームです。

ヒメコウイカは、毎年十二月から一月にかけて恋の季節に入ります。オスは、緑色をした小さなカイメン周辺でメスを捜します。そしてメスを発見した途端、猛烈に追い掛けます。自然界では、オスがメスを追い掛け、求愛することが多いのです。それは人間でも、小鳥でも、イカでも同じことです。

しかし、最後にOKを出すのはメスです。ですからメスには絶対的な権限があります。どんなにオスが頑張って追いつめても、メスが気に入らなければ恋は成立しません。そこでオスの涙ぐましい努力が始まるのです。

気に入ったメスに出会うと、オスは太ってずんぐりむっくりした体をくの字のように細く見せて、「俺はこんなにスリムなんだ」と誇示し、それからダンスを踊り出します。メスに気に入られるようにと、手足を高々と上下に伸ばし、時々体色を変化させる。そしてほんの一瞬だけピカリと体を光らせる。つまり、フラッシングのディスプレーをするのです。もし、メスが気に入らなければ振られてしまうからオスは必死です。

気に入らなければメスはプイと横を向き、その場から逃げ出します。すべてパーです。つまり最初からやり直しなのです。しかし、幸いなことに、私が観察していたメスはOKを出しました。つまりオスの前で、メスがOKのサインであるバンザイのポーズを取ったのです。

その途端、オスはメスにアタックして交接します。つまり自分の精子の入ったカプセルを、メスの体内に挿入するのです。これでカップルは成立。さぞやホッとすると思いきや、その瞬間、オスはもうその場にはいません。素早くその場を逃げ出し、次のメスにアタックするため捜索を再開するのです。

こうしてオスは次々とメスを捜し、ダンスを踊り、交接して、自分の遺伝子を残すために泳ぎ回っているので

ヒメコウイカの恋の駆け引き

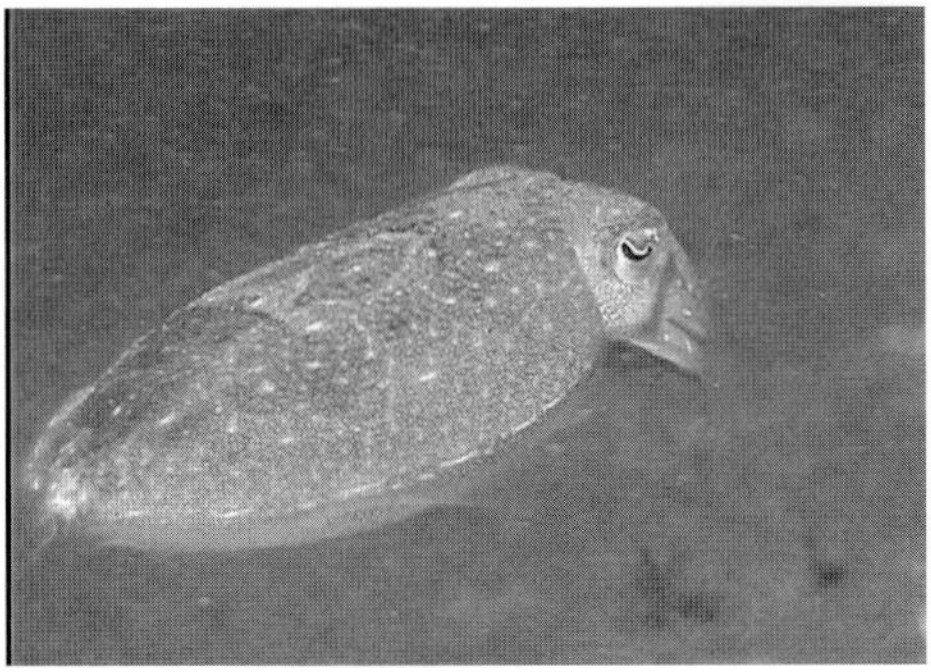
普段はずんぐりむっくりとした体型

す。その何と忙しいことか。手のひらに乗る程の小さなヒメコウイカの求愛ゲームの特徴は、オスの涙ぐましい努力にあります。ことに太ったオスが細くなり、くの字になってメスの前で求愛ダンスをする姿は必見ものといっていいでしょう。

ヒメコウイカのメスは、交接の後、カイメンの穴の中に卵を生みます。そして約一カ月後に稚イカが誕生します。私は、このヒメコウイカの求愛から産卵、ハッチアウトまで、こと細かに撮影しました。それは何度見ても面白く、この求愛ゲームの映像を見たある魚類学者は、そのドラマチックさにただただ感動していました。

## サケが東京湾から遡上する

サケは北の海の魚だと思っている人も多いでしょう。そのサケが東京湾に注ぎ込む川へ遡上して来るのです。生活排水や工場排水の処理水が流れ込む東京湾に、清流を好むサケが遡上するなんて。当初は、「迷いサケ」だと思われていました。ところが現在では、少ないながらもサケが遡上すること自体は特に珍しくありません。

東京湾に帰ってきたシロザケ。おなかにはしっかりと卵が入っていた。網に掛からなければ川を遡上していただろう

一九八〇年代から、「東京にサケを呼ぶ会」の市民運動家が多摩川にサケの稚魚を放流しました。すると、放流された稚魚は太平洋に出て、ベーリング海やアラスカ湾で成長し、三歳から五歳まで成長すると、生まれ故郷の東京湾へ戻り、多摩川へ戻って来たのです。

成魚のサケの体長は六十センチ以上になり、姿形も美しい。都会では、生きたサケ見ることがなかっただけに、人々は遡上に驚いたはずです。これはサケの放流という地道な努力の効果が出たこともありますが、東京湾の浄化能力が上がり、綺麗になったため遡上する環境が整ったのかもしれません。

今後、サケの遡上が増えて、江戸前のサケが食卓に上る日は来るでしょうか。東京湾の沖は、サケの好む親潮と黒潮が交叉しています。それだけにサケの遡上が増えていく可能性はあると思います。

## カンパチとブリのハイブリッド

「ブリハチ」を知っていますか？　実は東京湾で捕れた魚です。今から二十年前のことです。

通称ブリハチ

この魚は、カンパチとブリの交雑種であるということです。両者はスズキ目アジ科ブリ属の分類に入り、見た目にも姿形が似ています。ただカンパチは目の上に黒くて太い線があり、上から見ると「八」の字に見えます。ブリはカンパチに比べて、ずんぐりむっくりした体型をしています。両者のハイブリッドだと思ったのは、ブリなのに頭に八の字の模様があったからです。

ある日、私は知り合いの漁師から聞かれました。

「この魚はカンパチではないか。頭に八の字があるよ」

しかし仲介人はいいます。

「いや、ずんぐりむっくりしているからブリでしょう」

だからブリの安い値段で買いたいというのです。一方、漁師はカンパチで売りたい。カンパチの方が、高級魚で値段が高いのです。そこで私に意見を求めて来たのです。

サンプルの魚は八尾いました。私は数尾を自宅に持ち帰り、試食しながら、どう判断したらよいか迷っていました。しかし結論は出ません。そこで末広恭雄先生に相談しました。当時、築地の魚河岸の隣に「おさかな普及センター資料館」があり、末広先生が館長をしていました。東京大学農学博士で、京急油壺マリンパーク館長を経た、日本を代表する魚類学者です。

私はその魚を持ち込み、「ブリとカンパチのハイブリッドではないですか」と聞きました。末広先生は、魚を仔細に点検した後、「おおいにあり得るでしょうね」と頷きました。では、どうしてブリとカンパチのハイブリッドが誕生したのでしょうか。

「暖かい海からカンパチが北上して来て、ブリと偶然、産卵場所が一緒になり、ハイブリッドの稚魚が誕生し、東京湾へ流れ着いたのではないでしょうか」

私は、末広先生に自分の考えをぶつけてみました。すると末広先生は、「陸と違って海の中は流動的です。おおいにあることでしょうね」とまた頷かれたのです。これには我が意を得たりでした。そして、その魚を仮に「ブリハチ」と名づけたのです。

しかしその後、ハイブリッドとしての認知度はまったく上がりませんでした。どうしても漁師はブリハチをカンパチの高級魚として売りたいし、仲介人はブリとして安く買いたかったからでしょう。

未だにブリハチは水揚げされているはずですが、値段についてては、その後どうなったのかよく分かりません。お金が絡むとややこしくなるものです。

## イシガキダイとイシダイのハイブリッドも

ハイブリッドといえば、イシガキダイとイシダイのハイブリッドも東京湾に生息していました。いや、今もいるかもしれません。

その前に、「レオポン」という動物を知っているでしょうか。レオポンは、一九一〇年にインドで誕生した猛獣です。オスはヒョウで、メスはライオンです。そのため、顔はライオンで、体はヒョウです。体全体にはヒョウの斑点があります。

レオポンは、日本でも一九五九年に兵庫県西宮市の甲子園阪神パークで誕生し、話題になりました。ハイブリッドは珍しい動物なので人気が高く、アイドルにもなったのです。ところが、ライオンとヒョウでは種間が遠いため、ハイブリッド一代で生殖能力がなく、次の子は生まれませんでした。そのため批判的な声が上がり、その後、レオポンは誕生しなくなりました。

さて、イシガキダイとイシダイのハイブリッドの話に

イシダイ

イシガキダイ

イシダイとイシガキダイのハイブリッド

戻ります。私は、東京湾の波左間の海（千葉県館山市沖）で何度もこの魚に出会いました。体はイシダイとイシガキダイの中間型で、白と黒の縞模様と石垣模様が入り混じっています。写真を撮り、何度も検討した結果、両者のハイブリッドであると結論づけたのです。

一九七〇年に、近畿大学ではイシダイのメスにイシガキダイのオスを人工交配させることに成功しています。そしてこの個体を「キンダイ」と名付け、流通させていました。ひょっとして、その幼魚が関西から東京湾へ紛れ込んだのではないか？

しかし、波左間の海をフィールドに潜っている私には、そうは思えませんでした。イシガキダイとイシダイは産卵場所も、産卵時期も似通っています。そこで偶然、波左間の海でハイブリッドが誕生したのではないかと推測しました。

末広先生の言葉ではありませんが、海の中は流動的で、何が起きるか分からない。ただ、私はＦ１（雑種第一代）を確認しただけで、Ｆ２を確認出来ていません。それが、ちょっと心残りなのです。

## 巨大オサガメが東京湾に出現！

オサガメを知っていますか。体長二メートル、体重九百キロ。世界最大のウミガメです。絶滅危惧種として世界中の学者が注目しています。そのオサガメが、何と波左間の定置網に入ったというので、早速駆けつけました。

まず水中で目にして驚いたのは、その巨大さ。オサガメが私に迫って来ると、目の前が真っ暗になってしまうほどです。体を触ると、まるでゴムのように弾力性があります。オサガメには通常甲羅と呼んでいるものがなく、皮膚と鱗から成り立っているようです。そのため体が柔らかいのです。背中に五本、体側に一本ずつ、腹に五本のキールが走っています。第一印象は、古代のカメだなという感じです。

顔を見ると口の先端が、鉤状になっています。クラゲを主食とするためでしょう。それと胸ビレが異常に長い。一・五メートルはゆうにあります。繁殖地は、インドネシアやコスタリカ、スリランカ、マレーシア、パナマ、パプアニューギニア、南アフリカと世界中の海域に生息

圧倒的な存在感を放つオサガメ

しています。その大海を泳ぎ切るために大きな胸ビレが必要なのかもしれません。定置網の中で一緒に泳ぐと、ゆったりとしている感じですが、遊泳速度は時速二十四キロも出るというから驚きです。主食のクラゲの他に、甲殻類や軟体動物、魚類、藻類も食べています。

今、一番の問題は、クラゲが主食であるため、海面を浮遊しているビニールやプラスチックゴミを間違って食べてしまうことです。死亡したオサガメの体内に、多量のビニール状のゴミが詰まっていたという悲しい報告があります。

海には浄化作用があるということで、世界中の人たちがゴミを海に捨てて、流してしまう。こういう間違った認識が、多くの貴重な生物を危機に追いやっているのが現実です。今後の啓蒙活動がおおいに必要だと思いました。

この貴重なオサガメが、数年に一度、東京湾の定置網に入ります。絶滅危惧種ということで、漁業者たちは、腫れものにでも触るようにすぐに海へ返します。それにしても東京湾は、小さな外来種のイッカククモガニからオサガメまで、本当に多種多様な生物が生息している貴重な海なのです。

## 産卵期は受難期でもある

ダイバーにとって、東京湾の風物詩といったらアオリイカの産卵でしょう。

春から夏かけて、ソフトコーラルのヤギ周辺に、まず一匹のアオリイカが姿を見せます。産卵のために安全な場所はないかと捜しに来るのです。次の日には、数匹の小隊が偵察に来ます。その後、今度は十匹程の中隊がやって来ます。そして、ついには数十匹もの大隊が押し掛けるのです。

メスは、産卵の前にオスと交接します。まずメスがオスを品さだめして、気に入ると交接するのですが、その最中でも、よいオスが近くを通りかかると、サッとその場を離れてアタックします。この気の多さというか、道徳感のなさには驚いてしまいます。自分の遺伝子を伝えるため、浮気も平気でするのです。

その結果、ヤギ周辺にはアオリイカの卵がびっしりと生みつけられます。ところが、後から来たメスが、よい産卵場があると知ると、前に産卵した卵を剥がして捨て

アオリイカの大群

てしまい、そこに自分の卵を生みつけるのです。何とも浅ましい限りで、ルールも何もあったものではありません。自分の遺伝子を残すためにはなりふりかまわず、産卵するのです。その光景を見ていると、自然界の激しさを感じます。そんなアオリイカの産卵シーンを水中写真に撮るダイバーが多く、海で会うと、産卵場所をよく聞かれるので、「ああ、産卵シーズンに入ったんだなあ」と思ったりもします。

ところがアオリイカの卵の中の赤ちゃんは、ハッチ寸前になると、外敵のハコフグやタイなどがやって来て、ゼリーをすするように食べられてしまいます。運良く卵からハッチアウトした子イカが水中に漂うと、今度はメバルやベラ、カワハギなどが襲うのです。そのため子イカは、健気にもスミを吐きながら、一目散に水面へ向かって脱出し、夜の海へ消えて行きます。見ている私は、「どうか生き延びてくれ！」と祈らずにはいられない気持ちです。

このアオリイカに劣らす、凄まじい世界があります。それは魚のメジナです。ベラが産卵すると、それを待ち受けているのがメジナです。ベラはわが子をメジナに食べられまいと必死に追い払うのですが、その隙を狙って卵に襲いかかります。

なぜ産卵期になると卵を襲う魚が多いのでしょうか、それは卵の栄養価値が高いからです。いや、卵はその源だといってもいいかもしれません。まして、卵から孵化した赤ちゃんは柔らかく、最高に美味しい食べ物であろうと思われます。そのため多くの外敵に狙われてしまうのです。

次にマダコの話をします。私は、一時期マダコの生態を撮りたいと思っていました。それはマダコの知能が高いからです。そこで、ある岩棚にいる一組のカップルを発見し、撮影したのです。

カメラを向けたのは、岩棚で卵を守っているマダコの母親です。私は以前、マダコがウチムラサキなどの貝を取って来て、目の前の砂の上に置くのを見ました。それも一か所ではなく、何か所にも置くのです。これはきっと、空腹の時に貝を掘り出して食べるのだろうと思い、感心しました。しかし、魚類学者からそういう話を聞いたことがありません。そんなマダコの習性を見たのは、私も初めてです。

この習性は、鳥のモズにもあります。秋になるとモズは、トカゲやバッタなどの獲物を木の枝に突き刺したり、木の股に挟んだりします。その行為は、厳しい冬を迎えるためのエサの確保にあるというのです。「モズのはやにえ」といいます。

私は、このマダコの母親も同じように貝類を取って来て、砂の中に隠していたのだろうと思っていました。しかし近くに貝はなく、母親は腹を空かせていました。そこである日、貝をそっと母親に手渡しました。普通、人の姿を見るとマダコは逃げ出します。ところが自分の卵を生んだ場所であるため、逃げ出せません。開き直ってエサをもらったのかもしれませんが、とにかくマダコは貝を受け取ったのです。

翌日、私はまた貝を渡しました。すると今度も何の抵抗もなく、素早くその貝を受け取ったのです。その時、私はマダコの手に触れました。普段なら、驚いてマダコはサッと手を引っ込めるはずです。ところが、引っ込めなかったので私は強く握りました。するとマダコも力強く握り返して来たのです。映画『E.T.』の指先が触れ合うワンシーンではありませんが、この反応には驚きま

手前の貝殻はタコが食べたもの

した。「このマダコは人の恩が分かるのか？」。私にとって感動すべき体験であり、信じられない気持ちでした。

その後、母親のマダコはどうなったかというと、卵に新鮮な海水を送るため、絶えずロウトから水を吹きかけなければなりません。大変な労働です。卵からハッチアウトした稚ダコの姿を見送った後、母親は疲れ切った体で岩棚から出て来ました。と、その時です。弱ったその姿を見ていたオス親が、突然、メス親を襲って食べてしまいました。何という残酷なことをするのかと、私は唖《あ》然《ぜん》としました。

陸の例でいうと、カマキリがあります。カマキリのオスは、交尾が終わった後、マダコとは逆に、メスに食べられてしまいます。メスにとっては、自分の体に栄養をつけるための行為です。マダコの例は、その逆のバージョンです。母親を食べたオスは責められません。それというのも、マダコのメスは産卵期を終えた後、過労で死んでしまう例が多く、そのことを予知していたオスが襲ったのかもしれません。

海の中に無駄ということはありません。そんな悲喜こもごもの世界が、東京湾では日々繰り広げられています。

# 第3章

# イシダイの次郎物語

今日も出会いを求めて

## 野生のイシダイとの交流

私は多くの魚と出会い、交流して来ました。その中で最も心に残っている魚といえば、イシダイの次郎です。これは二十年ほど前の『マリンダイビング』誌にも載った話です。

次郎は五年前から餌付けを続けている野生のイシダイです。私は毎年、四月になると千葉県の波左間漁港の沖にあるカジメ林へ会いに行くのです。

次郎という名前の由来ですが、友人のインストラクターに太っちょで愛嬌たっぷりの次郎さんという人がいます。イシダイの次郎も、最初はそれほど太っていませんでしたが、数年たつうちにでっぷりと肥えたため、次郎と呼んで可愛がっているのです。

漁港裏の岩場に立つ私の手にはスカリ（網）が握られています。中には漁協の漁師からもらったサザエや殻に入ったヤドカリ、そしてウニがたっぷりと入っています。これを与えたら次郎はどんなに喜ぶだろうな、そう考えただけでも頬が緩んで来ます。野生のイシダイに会うのに、こんなに豊かな気持ちになって大満足です。

岩場から沖へエントリーすると、海底は砂地です。その砂地を五十メートル程向かうと岩礁が見えて来ます。カジメ林です。四月はカジメやホンダワラが繁茂し、まるで樹海のような海藻林になっています。

この日の透明度は五メートルとあまり良くありません。水温も十四度をやっと上回る低さです。周囲のメバルやスズメダイたちの動きも活発ではありません。

私は熟知したカジメ林を掻き分け、奥へと進み、目的の小さな根に行き当たりました。その根の下の穴が、次郎の隠れ家なのです。穴の中をそっと覗き込むと、姿が見えない。エサを捜しに出掛けたのかもしれません。

## 人に馴れる可愛い幼魚

釣り人に聞くと、イシダイは磯の王者とか、幻の魚だという人がいます。「何といっても、あの強い引きが魅力だ」という答えも返ってきます。私はダイバーなので、「どこへ行けば釣れるのか」ともよく聞かれます。

私にとってイシダイは、親しみやすい友達といった感じです。ことに体長数センチの幼魚の頃は、とても可愛いものです。浅瀬に潜ると、スーッと寄って来て、岸へ上がるまで私にまとわりついて離れません。時には好奇心なのか、コンコンとマスクをつついたりします。人馴れしてくると首筋にもツンツンしてきて、我慢できないほどくすぐったい。おまけにその動作があまりに可愛いので、自宅の水槽へ持って帰りたくなってしまいます。

イシダイの成魚は、通常、東京湾の流れの速い岩穴に棲み、一定のテリトリーを持って見回りをしています。秋から冬にかけては深みに落ち、エサが乏しいのでガリガリに痩せている姿をよく見かけます。

イシダイの次郎。毎年、四月になると私は千葉県の波左間
漁港の沖にあるカジメ林へ、彼に会いに行った

四月から七月にかけて、水温が高くなると今度は群れで浅場へ上がって来ます。そしてエサが豊富になってきて体力が付くと、イシダイは恋の季節に入ります。

オスは貫禄があって堂々としていますが、メスはどことなく優しい面影があります。体色も青灰色の肌に、幼魚の頃にあった横縞がわずかに残っています。

気の合ったオスとメスが出会った後、産卵は日没に行われるようです。大型のオスが、メスの周囲を回遊して、背や腹をつついて産卵をうながしている光景をよく見ました。するとメスは刺激を受けて放卵します。その卵に向かってオスが放精するのです。一ミリに満たない卵が受精卵となって、水中を漂います。

浮遊する受精卵が孵化すると、仔魚は海を漂いながら成長して、流れ藻の中に棲みつきます。そして五センチ程に成長するまで、流れ藻を棲み家として、甲殻類の幼生などを食べて過ごすのです。

海で流れ藻を見つけたら、そっと覗いてみるといいでしょう。数十尾ものイシダイの幼魚が、園児のように群れてざわめいているはずです。手を近づけると、いっせいに流れ藻の中に隠れます。その様子は、まるで流れ藻が母親の懐であるかのようです。

ところが、この流れ藻から離れ始める程に成長すると、イシダイの幼魚は何にでも興味を持つようになります。時には危険をかえりみず、ダイバーなど人間の周囲にまとわりつきます。というよりも大きく動く物に好奇心があるのです。

私が餌付けをしたのは、もう少し成長して十五センチになった頃でした。人間でいえば中学生に相当する年齢といっていいかもしれません。イシダイは十五尾から十六尾程の群れを作り、岩に付着したウニやサザエ、カニ、エビなどの甲殻類を盛んに食べるようになります。

私は、この時期の彼らと友達になりたいと思ったのです。まず、サザエで餌付けを試みました。ところが一向に食べる気配がありません。次にウニを見せると、強い匂いにつられたのかワッと集まり、夢中になって食べ始めたのです。イシダイは一度与えられたエサを食べると、ダイバーをすっかり信用して、母親を慕う子供のように私の体にまとわりついて離れなくなりました。

そんなイシダイたちが可愛くてたまらず、彼らの成長を見に行きたいと思い、毎年四月になると波左間の海へ通うことになったというわけです。

潜る時は、必ずウニやヤドカリ、サザエの好物を用意します。イシダイは私のウエットスーツの姿を見ると、すぐに認識してワッと集まって来ます。前に与えたエサの味を忘れていなかったのです。そして私の手からエサを取って食べます。

四月の海は、まだそれほどエサもなく、空腹だったのかもしれません。その中に、後に次郎と呼ぶことになるイシダイがいたのです。

## 傷を負っていたイシダイ

餌付けを始めて二年目のことです。

「今年も会える」と楽しみに潜っていた私の前に、傷ついた一尾のイシダイが現れました。尾の上のウロコが剥がれ、中の肉が剥き出しになっています。たぶん、誰かが浅瀬を泳ぐイシダイを手モリで突いたのだと思います。人を恐れないイシダイの子は、恰好の獲物だったのでしょう。

近づくと、傷ついたイシダイは私を恐れて群れから逃げ出しました。その動作が実に痛々しい。私は気になって仕方がありません。そこで後を追い、様子を見に行きました。イシダイは逃げ回って疲れたのか、岩陰にじっとしていました。苦しそうです。

このまま放って置けばエサが取れずに死んでしまうか、ウツボなどの外敵に食べられてしまう。私は、エサのヤドカリを差し出しました。ところが脅えてしまって食べません。なおもエサを押し付けると、またもや逃げ出してしまいました。

私は追い掛けました。するとイシダイは岩穴の中に逃げ込み、じっとして動かなくなりました。この岩穴が自分の巣穴なのでしょう。

私は、イシダイを怯えさせないように回復を待ち、落ち着いてきた頃を見計らって、今度はそっとウニの身を差し出しました。すると匂いに誘われたのか、ようやく食べてくれました。最初は恐る恐る、危害を加えられないと分かると、ウニを手から直接取るようになっていきました。

私は、ホッとしました。その餌付けは数日続きました。

そして、翌年の四月。

私は再び波左間の海を訪れたのです。

「あの傷ついたイシダイはどうなっているだろうか?」

そのことが気になって仕方がありません。

カジメ林をあちこち捜しましたが、なかなか見つかりません。

「死んでしまったのかな」

不安がよぎります。私は、例の岩穴へ向かいました。そこでイシダイの群れを発見したのです。果たしてあのイシダイはいるだろうか。不安な気持ちのまま、じっとその群れを観察します。するとそこに、尾の上に傷痕のあるイシダイを発見しました。

「いた! 生きている……」

何か急に、胸が熱くなりました。するとイシダイも、こちらをじっと見つめています。私の存在が分かったのです。

それ以来、そのイシダイが気になって、翌年も通いました。四年目の春には、もう丸々と太っていました。私は、ふと友人の次郎さんの体型を思い出し、水中で思わず笑ってしまいました。「イシダイの次郎」誕生の瞬間です。

## 彼女を連れて来た次郎

そして五年目の四月を迎えました。

「果たして、次郎にまた会えるだろうか?」

私は、ワクワクしながらいつもの岩穴に着きました。

「さあ、次郎よ、出て来い!」と叫び、岩穴の前でじっと待っていると、数メートル先の中層に、体長六十センチ程のイシダイが一尾いました。水中で止まり、じっとこちらを見ています。尾の白い傷痕から、次郎だとはっきり分かりました。

「おい、今年も生きていたのか!」

一年ぶりの再会です。私の顔がほころびます。

手招きをすると、それを待っていたかのように次郎がスーッと寄って来ます。私はただちにスカリからエサのヤドカリを取り出して差し出しました。しかし、次郎はまったく反応しません。まるで何か遠慮しているかのようで、一メートルの距離を置いて、私の周囲をゆっくりと回っているだけです。

「この人が、本当にエサをくれている人なのかな?」と、まるで私を疑うかのように回遊しているのです。そして泳ぎを止めては、じっと私を見つめます。

「おい、俺だよ」

呼んだのですが、一向に近寄って来ません。

「どうしたんだ？」

私は困りました。次郎の警戒心を解くように、静かに手招きをして、ヤドカリを見せてみます。まったく反応しません。水中へ放り投げても反応は皆無です。ヤドカリはただ空しく海底へ落ちて行くばかりです。

「どうしたんだよ？」

何度かその言葉を繰り返すと、次郎もようやくエサの端をくわえ、少し距離を置きながら食べ始めました。

「どうして遠慮しているんだ」

食べてくれたことでホッとしましたが、次郎は決して私に近づこうとしません。

仕方なく、次郎が食べ終わった頃、もう一度エサを投げました。すると次郎は急いでそのエサをくわえ、じっと私を見ています。

「いつもの次郎と違う」

そう思った瞬間、次郎の後ろに、もう一尾のイシダイがいることに気づきました。体長四十センチ程の横縞の美しいメスです。

あっと思いました。

「そうか、そうだったのか。次郎は彼女を連れて来たのか！」

四月はイシダイの恋の季節です。そのため彼女を連れて来たのかもしれません。

次郎は盛んにエサを食べています。するとメスも、次郎が食べている姿に安心したのか、並んで一緒に食べ始めました。

五分程すると、心を許した次郎は私に近づいて、直接手からエサを食べるようになったのです。するとメスも私の手から直接エサを食べ始めました。これには驚きました。その後、このカップルから新しい生命が誕生することを期待して、私は次郎たちに手を振り、海から上がりました。

東京湾の片隅で、こんな夢のような魚と人間の交歓があったのです。私にとって、今でも貴重で幸せな体験だと思っています。

# 第4章

# 環境に適応する生物たち

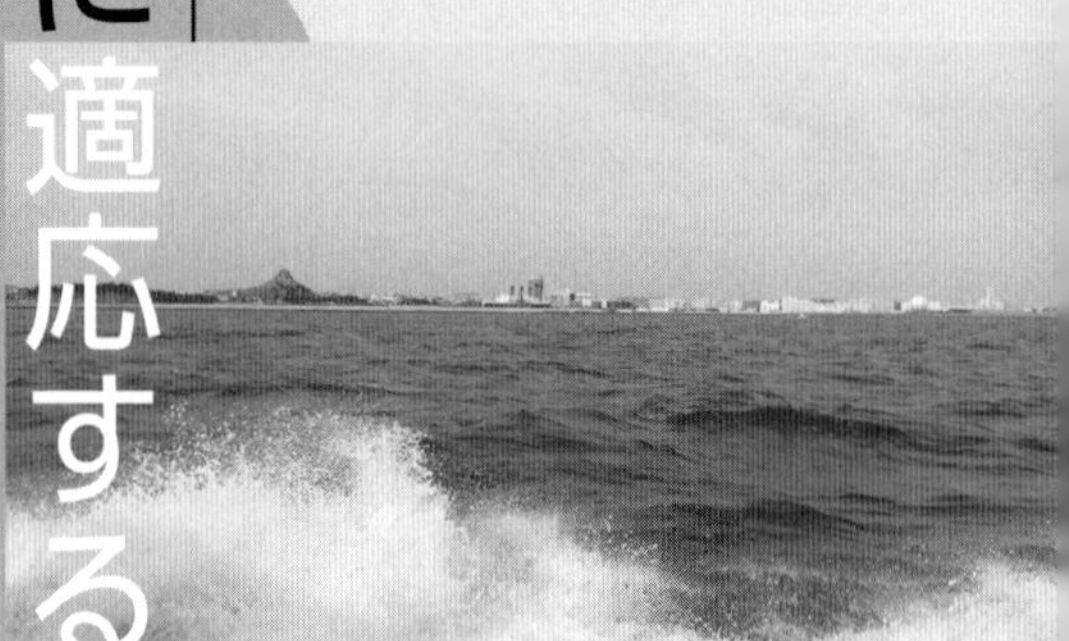

浦安沖から東京ディズニーランド側を遠望する

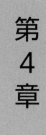

死滅回遊魚の一つ、アブラヤッコ

## 排水口周辺に舞うトロピカルフィッシュ

環境に適応する魚といったら、まず挙げられるのは、東京電力の排水口付近に棲む南方系の魚たちでしょう。発電所は、電力を起こすたびにタービンを回します。熱くなったタービンは海水で冷やし、排水口から海へ流します。その水温は軽く二十度を超えています。

潜った場所は、千葉県姉崎の東京電力排水口付近です。三月六日の肌寒い日でした。潜ってみて驚いたのは、海の中が黄色い世界だったことです。透明度は五十センチ程度です。慌てて水深二メートルの海底へと移動しました。そのまま排水口へ向かうと、今度は物凄い流れに遭遇します。白い泡が走り、川の流れに身を置いているような恐怖感を覚えました。岩に取り付いていないと流されてしまうのではないかと思ったほどです。

と、その時、手前の岩を見ると、体長三十センチのクロダイが身をひそめています。そして目の前を白い影が走ります。魚の群れです。体長五十センチ程のボラが数十尾、まるで帯のようになってビューと走って行きます。

その後をついて行くと、クロダイやカゴカキダイ、シマイサキ、スズキ、メバルの姿が見えます。砂地を見るとカレイもしっかり底にへばりついています。

さらに驚いたことに、流れのゆるいところには、冬の海なのにチョウチョウウオの仲間がいました。ツノダシやハタタテダイ、チョウチョウウオ、チョウハン、フウライチョウチョウウオなどの幼魚が群れていたのです。まさに南方系の魚たちの集団です。冬の東京湾では、思いもつかない光景でした。

東京湾には、沖縄から南方系のチョウチョウウオの仲間が回遊して来ます。冬の寒さで大半が死んでしまうため、「死滅回遊魚」と呼ばれていました。ところが東京電力の排水口の水温は二十三度です。故郷の沖縄とさして変わりがありません。それに仲間もいるし、エサもある。ある意味では沖縄と変わらない環境が整っているのです。これには驚きました。

このような光景が、川崎や品川などの製鉄工場から流れ出る温排水付近の海底でもよく見られます。東京の工場群の排水口周辺は、いわば南方系の魚たちのオアシスになっているのです。

## お台場の海底ではスズキの稚魚が群れている

お台場は、かつて貯木場であった場所です。それを、平成八年（一九九六年）に旧防波堤と第三台場に囲まれた入江を埋め立てて、人工海浜にしたのです。目の前に「踊る大捜査線」の撮影地で人気のレインボーブリッジがあり、フジテレビの球形の展望室が特徴的な建物や華やかなアーケイド街は、若者たちで溢れています。

この人工海浜は、ユリカモメやカルガモなどが越冬し、夏の海ではボラが飛び跳ねる光景もよく見られます。

普通、埋め立て地というと、なぜか生物が存在しない不毛地帯と思われ、悪いことのようにいわれることがあります。しかし、私はそうは思いません。実際にその海に潜ってみると、砂地にはセイゴが群れ、シロギスやイサキ、メバル、クロダイの稚魚が遊園地のように泳ぎ回っているからです。ワタリガニやイシガニもいて、ハサミを上げて私を威嚇《いかく》します。まさに素晴らしい自然の干潟の光景が広がっていたのです。アマモ場には、幼魚たち

お台場。埋め立てて作られた人工海岸と聞くと、生物がいるイメージがあまり湧かないが……

どっこい、海の中は元気な魚たちがいっぱい。ハゼもこの密度だ

お台場の海底に群れるスズキの子

ベイブリッジの橋脚にも姿が見られるイセエビ。人工建造物でもなんでも利用してしまう東京湾の生物は本当にたくましい

海ほたるパーキングエリア

が群れて棲みつき、まるで保育園のようです。

人の手で作られても、東京湾には復元力があります。かつての海の生物たちが蘇って来ているのです。汚染から免れれば生物は生き残ることができる、それをお台場の海が証明していたのです。

ただ残念ながら、この海では泳げません。大腸菌群数が一デシリットル当たり一〇〇〇を超える時があるからです。それをクリアできれば、まずまずといっていいかもしれません。

## アクアラインの橋脚にはイセエビが棲んでいる

東京湾の川崎から木更津を結ぶ、東京湾アクアラインを知らない人はいないでしょう。長さ一五・一キロに及ぶ連絡道路です。このアクアラインの海底や橋脚には、多くの生物が棲みついています。ちなみに、ベイブリッジの橋脚にはイセエビも棲んでいます。なぜ、このような人工の建造物に多くの生物が見られるのでしょうか。

東京湾が都市化する上で交通網の発達は不可欠です。

巨大な施設や橋を建設する工事は今も続いています。そのせいで潮の流れが変わったり、生息する生物が失われたりしないか、心配です。しかしその前に、新しく作られた橋脚や施設の海底にはどのような生物が棲みついたのか、そのことを紹介しましょう。

「海ほたる」の施設は、コンクリートで固めた人工島で、幅百メートル、長さ六百五十メートルです。平成元年（一九八九年）に着工し、九年後にアクアライン全体で一兆四千億円を費やして完成しました。施設の海底は、建設して九年の歳月を経たためかワカメが繁茂し、周囲をカワハギやスズメダイが回遊しています。一見すると、人工漁礁のようです。そして、驚くことに私はこの建造物下にもイセエビがいるのを見つけました。

毎年七月になると、海ほたるでは「おんじゅく伊勢えび祭り」が行われます。これは千葉県の御宿で行われる同祭りのPR版で、スペシャルラーメンやその他のフランス料理の中にイセエビを入れて、祭りを盛り上げています。その施設の海底に、本物のイセエビがいるのですから、面白いものです。

通常、海の中は〝食料難〟と〝住宅難〟です。そのためアクアラインの人工島であれ、ベイブリッジの橋脚であれ、すぐに苔が生え、海藻がつき、フジツボやホヤ、カイメンが生息するようになります。するとカニや小魚が棲みつき、それを食べにスズキなど大きな魚がやって来るのです。つまり、一種の食物連鎖が起き、魚たちの食料と住宅難が解消される訳です。

イセエビが棲みついたのは、そこに大好きなフジツボが付いていたからです。イセエビの味はフジツボの味に似ている、という人がいます。このようにして、人工物は岩礁化して東京湾の生物たちを育んでいるのです。いわば人工漁礁の役目を果たしているといっても過言ではないでしょう。

## ニューヨークに棲むホンビノスガイが東京湾にも

シロミルガイという貝がいます。日本だけではなく、外国にもいます。私は、この貝をノルウエーやニューヨークで見たことがあります。

寿司屋では、ミルガイ（ミルクイ）が獲れなくなると

海底の不思議なこの突起物の正体は？

このシロミルガイが取って代わるようになりました。ところが、東京湾の生息地が埋め立てられ、シロミルガイも少なくなってしまいます。この時、ニューヨークに住む日本人が、現地のシロミルガイを代用したらどうだろうかと考え、日本へ輸出して利益を上げたそうです。

東京湾でシロミルガイが急速に見られなくなった背景には、海が富栄養化し、赤潮や青潮が発生して、多くのアサリやハマグリなどと共に死んでしまったせいもあります。

そんなおり、船のバラスト水に交じって北米から運ばれてきたホンビノスガイが、東京湾に棲みつき、繁殖するようになりました。繁殖したのは、この貝もニューヨークの海でよく獲れます。ニューヨークと東京湾の海の汚染度が似ていたからかもしれません。それでは、シロミルガイはどうなったんだろう。気になって仕方がない私は、富津の海に潜ってみることにしました。

早朝、漁船で沖へ出ると、左右の水面には海苔の養殖イカダが黒々と浮かんでいます。港から十分も行くと、海域には漁船が何艘も停泊しています。富津は遠浅の砂地で、長年のヘドロの堆積で海底が硬くなっています。

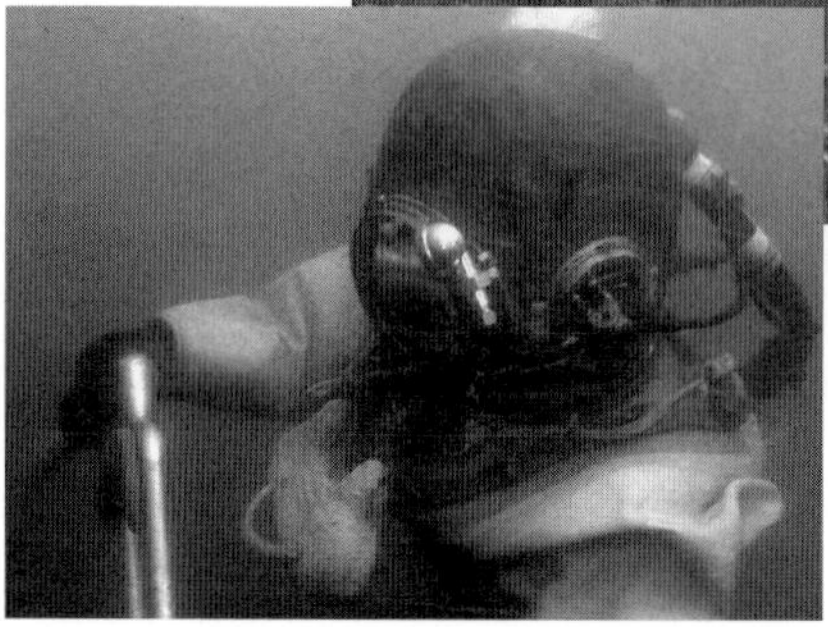

漁師はジェットポンプを利用して貝を掘る

前頁の正体はこのシロミルガイ

そのため、地元の漁師はジェットポンプを使い、海底を耕しています。陸の田畑を耕すのと同じで、空気を入れかえてやらなければなりません。

海底は水面の濁った水と違い、透き通っています。それは貝たちが呼吸し、透明度を高めているからです。私は砂地に腹ばいになり、丹念に捜すと、前方に海藻が付着した黒っぽい水管が見えました。一気にその海底を掘り始めると、周囲にもうもうと砂塵が立ち昇ります。砂は、硬いのは表層だけで中は柔らかく、あっという間に二十センチ程掘れました。すると底から真っ白い二枚貝が現れたのです。それも一つではありません。一個出た周囲をさらに掘ると、二個も出て来ました。やっと目的のシロミルガイに出会えました。

シロミルガイを捜すにはコツがあります。私は少年の頃、浦安で貝採りの名人から教わりました。それは、砂地で不自然な突起物を捜すことです。これが富津の海底でも役に立ちました。早速、近所の寿司屋で調理してもらって食べたところ、かつて食べたミルガイ（ミルクイ）とは少し違う味でした。でも、美味しい貝です。東京湾の海底の力は衰えてないと確信しました。

## 館山湾の海底でテーブルサンゴが見られる？

東京湾のサンゴを語る時、故・濱田隆士東京大学教授のことを思い出します。濱田教授とは、かつてのサンゴ礁であった館山の山中から古いサンゴの化石を掘り出したりして、さまざまなことを教わりました。『マリンダイビング』鷲尾絖一郎編集長と共に、生前の濱田教授にインタビューした当時の内容をここに紹介しましょう。

――館山湾に多くのサンゴがあることは分かっていますが、昔からサンゴ礁があったのですか。

**濱田**　ありました。千葉県の館山が世界のサンゴの北限といえます。北緯約三十四度ですので、これ以上北にはありません。それと今から八〇〇〇年前の館山は、大サンゴ礁の海でした。だから今でも田畑の下からサンゴの化石が出て来ます。当時のサンゴは四十種類ぐらいです。今は十数種に減ってしまいましたが、それは館山湾の水温が低くなって死滅したからです。

――八〇〇〇年前の東京湾のサンゴ礁は、どんな感じだったのですか。

**濱田**　東京湾は、紀伊半島から鹿児島にかけての海の水温と同じでした。だからサンゴ礁が岸から海底まで、びっしり生えていた。当時は、黒潮がもろに流れ込んでいましたからね。しかし、時代とともに水温が低くなったため、サンゴの成長も遅れてしまった。かつては畳二畳敷きくらいのテーブルサンゴがあったのですが、それが失われてしまった。ところが、今は逆に地球温暖化の傾向になっているので、館山湾のサンゴの成長にはいいんじゃないですか。

――以前、オーストラリアのバロン博士が来られた時、館山湾ではキクメイシやエダハマサンゴ、キクメイシモドキ、エダハナガササンゴ、コモンシコロサンゴ、コマルキクメイシ、ベルベットサンゴの名前を上げられていましたけど……。

**濱田**　それらのサンゴは当然いるでしょうね。まだまだ、これからの研究で増えていくんじゃないですか。この海は、オーストラリアの北部にあるコーラルシーに似ているんです。サンゴだけではなく、貝の種類も似ています。だから、多くの方に潜って、調査していただきたい。そうすれば、サンゴ礁の変遷も、その種類も詳しく分かるんじゃないかと思います。

以上が濱田教授からお聞きした内容ですが、私には夢があります。今後十年、いや二十年たった後、館山湾の海を観光船からのぞくと、そこにはカラフルな小さなサンゴの群落が展開していて、華麗なトロピカルフィッシュが泳いでいる。そんな光景が見られるのではないかと期待しているのです。

## ディズニーランド裏は美味しい貝でいっぱい

東京湾の海で最も多くの人が訪れているのは、東京ディズニーランド裏の浦安の海でしょう。新浦安の三番瀬の潮干狩りは大人気で、その主人公はホンビノスガイです。この貝は、二枚貝綱マルスダレガイ科の一種で、原産の海域は、北アメリカ大陸の大西洋側です。

日本にはもともと生息しなかった貝ですが、平成十年

テーブルサンゴ（造礁サンゴ）を下から見たところ。近い将来、館山の海がサンゴの群落だらけになる日が来る!?

（一九九八年）に千葉県幕張人工海浜で発見されました。アメリカからの船によるバラスト水に混じって、運ばれて来たのでしょう。成貝は最大十センチ以上になります。東京湾のような貧酸素や低塩分の海に対する耐性があり、アサリやハマグリが生息出来ない水域でも繁殖します。そのため浦安の海に適応したのかもしれません。

この貝は味が良くて、酒蒸し、チーズ焼き、中華風パスタ、スープ、お吸い物などが大人気です。平成二十九年（二〇一七年）度の「千葉ブランド水産物」に三番瀬で取れたホンビノスガイが認定されました。これは、ホテルのシェフや築地市場関係者による千葉県の審査で評価され、認定されたものです。

また浦安に近い千葉ポートタワーの海岸でも、ホンビノスガイが良く取れます。ホンビノスガイは繁殖力が強く、最近では東京の江戸川河口でも、アサリやシジミ、シオフキに混じって採集され、その生命力の強さを発揮しています。

生命力の点では、ムラサキイガイも汚染に強い貝です。この貝を四十五センチ四方の水槽に入れ、そこにブルーのインクを落として濁らせ、何分で浄化するか実験が行

ニューヨークを訪れたときに市場で見たホンビノスガイ。現地ではクラムチャウダーの材料として人気

われたところ、短時間でみるみる澄んでいく浄化力に驚かされました。

ムラサキイガイは以前、浦安の防波堤の消波ブロックの沖にビッシリとひしめき、砂地が見えないほど繁殖していました。その合間をぬってグリーンのアオサもゆらめいていました。ムラサキイガイはムール貝の代用品としてレストランで愛用され、このアオサも、ふりかけ海苔の原料となっています。このように浦安の海は美味しい貝類で賑わっていたのですが、近年大きく変わり始めて、岸壁にはあまり見られなくなりました。

## 浅草海苔の海を潜る

あなたは東京湾、いえ、かつての江戸前の海が生み出した五つの食文化を知っていますか。「何、それ？」と思う人がいるかもしれません。しかし、この五つの食文化が、現在の私たちの舌を支配しているのです。紹介しましょう。

浅草海苔、握り寿司、天ぷら、佃煮、ウナギの蒲焼き。昭和生まれの人なら納得してもらえると思います。

浦安上空からの眺め

浦安の岸壁に付着したムラサキイガイ

私は昭和十九年に東京の下町で生まれました。幼い頃から江戸川で泳ぎ、魚を釣り、貝を獲り、投網を打つことが遊びでした。それが私の原風景でもあったのです。

江戸前とは、諸説はありますが、多摩川から江戸川までの間の海をいうのです。そのことを文献で知りました。自分は下町生まれだから、下町の江戸っ子だと誇りに思っていました。だから五つの食文化が生活の中にしっかりと根付き、味覚の原点にもなっているのです。

実際、子供の頃から、浅草海苔に巻かれたお握りを食べ、寿司をつまみ、釣ったハゼを天ぷらに揚げてもらい、朝ご飯に佃煮を乗せ、夏にはウナギを食べて暑気払いをしました。現にウナギは江戸川でもたくさん釣れ、ハゼも幼稚なサオで簡単に釣れたのです。子供の頃から魚や貝が大好きでした。そのため、五つの食文化の浅草海苔の海へ、一度は潜ってみたいと思っていたのです。それは一種の郷愁かもしれません。

東京湾で海苔が養殖されるようになったのは、十八世紀のはじめ頃のようです。また、『武江年表』には「享保の頃より、大森村の辺にて海苔を制す」とあります。今でいうと大田区の大森から始まり、東京湾一帯へ広がっていったのです。「江戸時代、隅田川の浅草辺で養殖したからいう」と広辞苑には記載されています。しかし、今は東京湾の埋め立てにより、浅草で海苔を養殖することはありません。

私が浅草海苔を養殖している海底に鷲尾編集長と共に潜ったのは、今から二十七年前のことです。取材に協力していただいたのは、勝一郎氏です。勝家は、江戸時代から続く漁師で、九代目に当たります。当時、新富津で養殖した海苔を、まだ「浅草海苔」のネーミングで盛んに養殖していました。養殖方法は、沖合の養殖イカダに海苔の胞子を植え付けた養殖網を入れ、一日中海に浸ける「ベタ流し」の方法を取っていたのです。

私は浅草海苔を育む海を見たくて、一月にエントリーしました。冬の東京湾の海は、透明度が七、八メートルと高く澄んでいます。下から養殖イカダを見上げると、バレーボールに使うネットが水面に浮かんでいるようです。その網に浅草海苔が、まるで紙テープのように貼りついて揺れています。

水深三、四メートルの海底は、平坦な砂地です。海底は驚くほど静かで、どこまでも砂地が広がっています。

また、そこには無数の穴があり、その穴から砂煙が出ていたり、ケヤリムシの仲間が蝕手を出していたり、アナゴが顔をのぞかせていたりしました。

水温十度という冷たい砂地に、マコガレイがじっと寝ています。手を近づけても逃げません。真冬の闖入者《ちんにゅう》などいないのだと思っているようです。そこで、ゆっくりと近づき、ヒョイと手掴みしました。驚いたマコガレイは、私の手の中でバタバタと暴れました。その感触に、ふと少年時代の魚獲りのことを思い出しました。

採集した養殖海苔の製造は、海から上げた後、直ちにクエン酸の薬液に浸けて消毒します。不純物の海藻を殺すためです。その後は攪拌器に入れて掻きまわし、一定の長さに切ります。そして真水で洗うのです。真水で洗うことによって、海苔の評価を高める黒いツヤと色彩を出します。さらに生海苔濃度調整機に入れて、一枚の海苔の重量を決めます。そして、あっという間に一枚の半紙のような形をした海苔が出来上がるのです。それを乾燥させて、十枚一組の新製品になります。

新富津の海苔は、黒紫色で、薄く、味が良い。口に入れるとツーンと海藻の香りがして、少年の頃に味わった、あの香りが蘇って来ます。「ああ、この味だ！」と、思わず呟いてしまいました。

採集された新富津の海苔は、「焼き海苔」や「干し海苔」、「味付け海苔」のほかに「海苔の佃煮」、「お茶づけ海苔」に加工され、私たちの食卓を賑わせています。

ちなみに、かつて大森で取れた浅草海苔は、その後どうなったのでしょうか。それは、昭和三十八年（一九六三年）から始まった東京湾の埋め立て計画により終焉を迎えました。江戸時代から三百年もの海苔の作りの伝統が、失われてしまったのです。しかし、昭和四十二年（一九六七年）に昭和島の埋め立てが終わった後、時が経ち、平成二十年（二〇〇八年）に元海苔業者が中心になり「アサクサノリを育てる会」が結成されると、大森の海苔はみごと復活したのです。

実は、その四年前の平成十六年（二〇〇四年）十二月に千葉県の金田漁協でも、「盤洲里海の会」の六人の漁師たちが浅草海苔の養殖に挑戦し、成功しています。

このように浅草海苔は、今も多くの人たちの手によって作られ、味わわれています。江戸前の浅草海苔の味は、不滅といってもいいかもしれません。

コラム

# こんな危険な生物に注意！

可愛い生物、楽しい生物、不思議な生物がたくさん棲む東京湾の海。しかし、中には大変危険な生物もいるので注意したい。

## ゴンズイのトゲに毒

東京湾では、ゴンズイの姿をよく見かけます。釣り人なら浅瀬でゴンズイ玉と呼ばれる群れを見たことがあるでしょう。この魚、実はクリーニングフィッシュらしく、ウツボなどについた寄生虫を掃除する習性を持っているのです。

ゴンズイのトゲには毒があるので、絶対に触わらないようにしましょう。ただ、夜釣りなどで釣りあげた時に、誤って刺されることがあります。その場合、すぐに病院へ行きましょう。その際、余裕があれば患部を温かいお湯で洗うといいです。ペプタイドと呼ばれる毒なので、熱に弱く、お湯に浸けておくと痛みがやわらぎます。

ゴンズイ玉

厄介者のゴンズイだが、海の中ではクリーニングフィッシュとして他の魚の役に立っている

## ミノカサゴのヒレに毒

ミノカサゴは、体長二十五センチから三十センチ程の蝶のように美しい魚です。水中写真を撮るダイバーには格好の被写体で、水中で追いかける光景をよく見かけます。東京湾でも外湾でよく見られるのですが、横浜の岸壁でも見かけたことがあります。

美しい物にはトゲがあるといいますが、ミノカサゴはその美しいヒレに毒トゲがあるのです。私も誤って刺されたことがありますが、激痛が走ったことを覚えています。決して触れないようにしましょう。

## アカエイのトゲに猛毒

アカエイは東京湾の砂地でよく見かけます。初夏から夏にかけて岸辺に近づくため、潮干狩りや海水浴に来た人は気をつけましょう。砂地とアカエイの色彩が同色なので、誤って踏んでしまうことがあるからです。

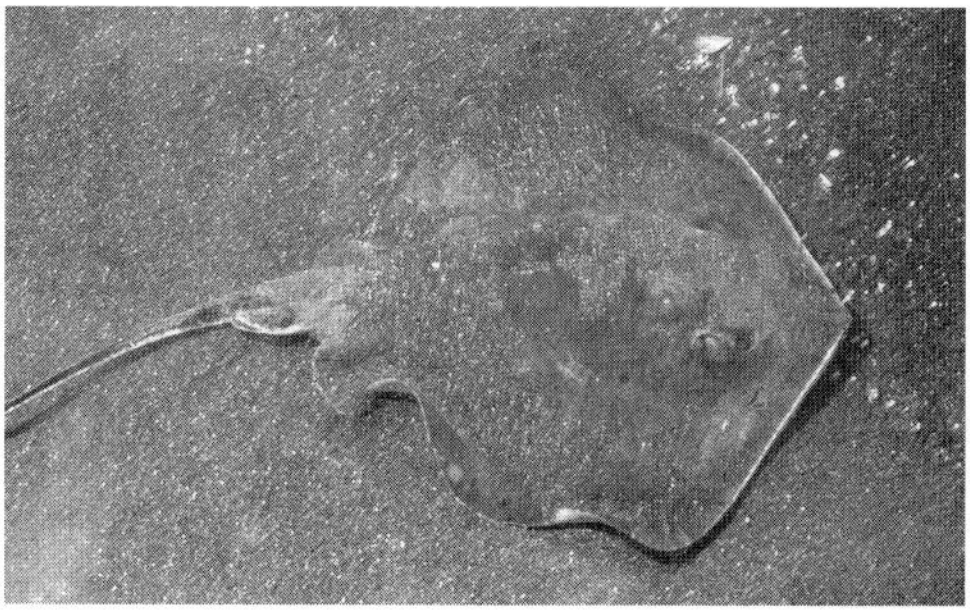

砂地に潜むアカエイはとても危険な存在。河川の汽水域にも上がってくる

踏むとトゲのある尾を振り回して攻撃してきます。腹に子を持つ産卵期のエイは、特に危険です。トゲにはギザギザのカエシがあり、抜けにくいようになっています。傷が大きく、腫れ上がるためすぐに病院へ行くことです。刺された人に聞くと、毎年、患部が膿んで完治するまで三年かかったといいます。

## フグと同じ毒をもつヒョウモンダコ

ヒョウモンダコは、沖縄では大変に恐れられています。「咬まれると死にます。ダイバーは近づかないように」と、現地ガイドに真剣な表情で忠告を受けたことがあります。体長は十センチから十三センチの小柄な姿で、茶褐色の体色にブルーのリング模様がある美しいタコです。時にはイカの格好をして泳ぎます。その姿が面白くて、つい触れてしまう人がいます。そして事故に遭ってしまうのです。

このヒョウモンダコが、何と東京湾にもいます。外湾の岩礁に多いのですが、決して触らないでください。咬まれたら、すぐに病院へ行くことです。

そのほかにも、イイジマフクロウニやオニヒトデなど、神経毒のトゲを持つ生物がいます。基本的に、知らない海の生物には触らないことが大切です。

# 第5章

# 生物たちのセックス事情

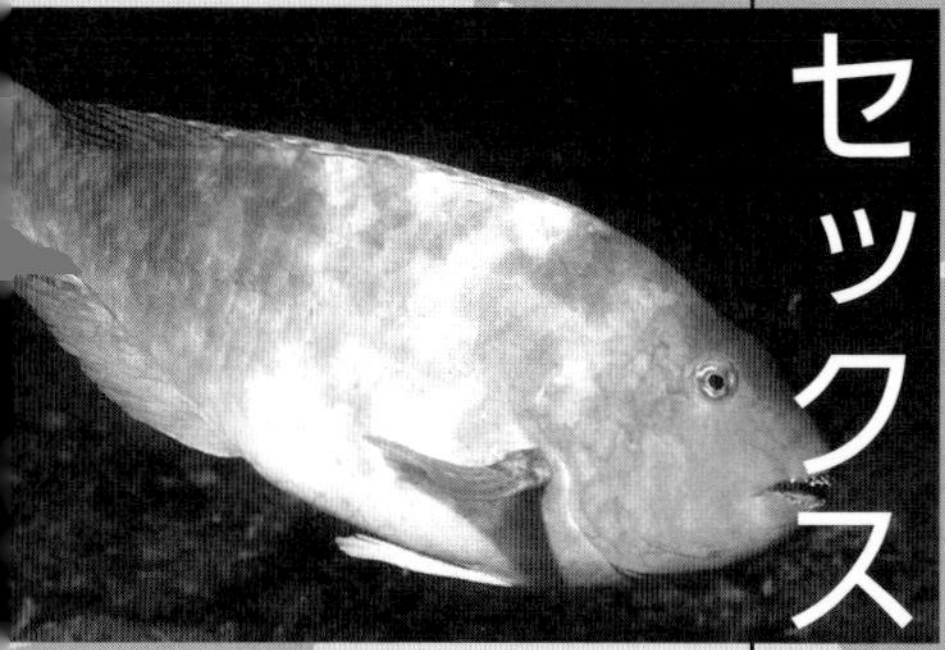

婚姻色の出たブダイ

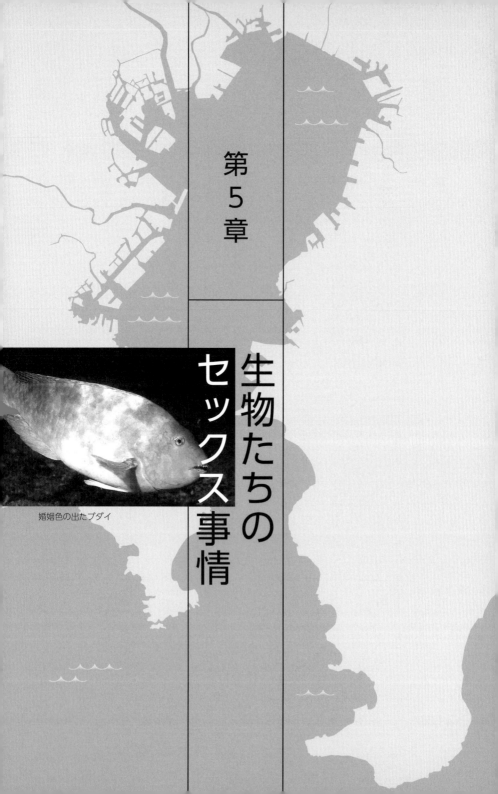

マダコ。ユーモラスな外見と共に、その交接行動もまた独特だ

## マダコの特異なセックス

マダコは成長すると体長六十センチになります。マダコのセックスというと何やら照れ臭い話になりますが、私はとても印象的なシーンを見たことがあります。場所は館山湾の岩礁でした。

マダコは岩礁の岩棚の下に巣を作ります。オスはメスを求めて捜し回り、やがて成熟したメスを見つけると、その隣の場所に自分の巣を作ります。岩棚の下に穴を掘り、石や砂をどけて、ここへ一緒に棲まないかと誘うのです。誘う方法は、長い腕をメスのいる巣穴に差し込み、メスの体を触わろうとします。ところがメスはまったく応じません。あるいは嫌がって巣穴に差し込まれた腕をはねのけたりします。どの動物でも、オスが積極的に攻めても、メスには相手を選ぶ権利があります。

ところがマダコのオスはメスに拒否されてもひるみません。それどころか、なおも執拗に触ろうとします。メスは拒否します。オスはさらに攻めます。そんな光景が延々と繰り広げられるのです。

長時間攻められたメスはついに根負けして、オスの行動を拒否しなくなります。するとオスは待っていましたとばかり、生殖器の足をそっとメスのエラから入れて交接を行います。面白いのは、この間中、オスとメスは顔を合わせないことです。

葛飾北斎が文化十三年（一八二〇年）に描いた艶本『喜能会之故真通』の木版画では、全裸の海女に二匹のタコが貼りついて攻めています。小さなタコは海女の口を吸い、大きなタコは海女の股間に口を差し入れるというきわどいものです。春本の傑作としてご存じの方もいるでしょう。しかし、現実のマダコ同士のセックスは、全然あのように淫靡《いんび》な感じではないということです。

オスの交接行為にメスは興奮して、エラからロウトを直立させて体を震わせます。そのうちメスは感極まったのか、体を震わせて伸び上がり、絶頂期を迎えます。最終的にはガクッと体を落として悶絶するのです。これでオスの交接は成功です。

その後、メスはオスの精子の入った大切な卵を生み、孵化するまで体を張って見守ります。卵から小さな子タコが孵化すると、その光景を見送ったメスは過労のため か、死んでしまうことが多いといわれています。なんと壮絶な性と死の世界なのかと思ってしまうのです。

## カワハギはスニーカーに要注意

カワハギは、東京湾の外湾の浅場の岩礁地帯でよく見かけます。体長は二十五センチ程で、産卵期は初夏から夏です。その頃になるとメスは砂地のゴミや小石を取り除き、産卵床、つまり巣を作ります。カワハギは一夫多妻です。オスは自分のテリトリーを巡回し、メスの巣の状況を見て回ります。良い巣が見つかると、周囲をグルグルと回り、気を引きます。メスは自分の巣が気に入ったのであろうと、巣のそばでオスを待ちます。ところがオスはすぐに近づきません。それは周囲にスニーカーがいないかを警戒しているからです。

スニーカーとは何か？　それは若いオスです。ただし、体が少し小さいため、成熟したオスには体力的にかないません。それでも何とかメスの卵に、自分の精子をかけたいと思っているのです。

以前、北海道の石狩川でサケが産卵する映像を見たことがあります。メスが川底でオスと並んで産卵しようとした時、一回り小さなオスが突然現れます。スニーカーです。メスが卵を産み、オスが精子をかけようとしたその時、スニーカーがスッとその間に割り込みます。そしてオスが脇見をしたとたん、産卵した卵に自分の精子をパッとかけてサッと逃げるのです。アッという間の出来ごとでした。小柄のオスはメスから相手にされない、そこでオスとメスが産卵する寸前に割り込んで、先に自分の精子をかけてしまうという方法を取るのです。

そのスニーカーが、カワハギにもいます。そのためオスは絶えず辺りに目を配り、スニーカーの存在を確認していたのです。幸い、スニーカーがいないことを確かめるとオスは初めて放精に応じました。自然界では、本当にあらゆる場面において、生物たちの競争が日々繰り返されているのです。

## ブダイは浮き袋を活用する

ブダイは外湾の岩礁地帯に棲む魚です。オスはメスに愛を告白するため、暗緑色の婚姻色を出し、グルグルと周囲を回ってアプローチします。婚姻色が気に入らないと、メスは見向きもしません。しかし、オスは飽きもせず何日もかけて複数のメスを追い掛け回します。その気の多さはたいしたもので、一尾のメスに相手にされないとなると、すぐに別のメスへアタックします。

ブダイも一夫多妻です。他のメスにアプローチして両者の気が合うと、二尾はクルクル回転しながら水面へ向かって浮上します。その時、メスは体内にある浮き袋を使います。上昇と共に浮き袋が膨れ上がり、その圧力で、体内から卵がスムーズに外へ放出されるのです。その卵にオスが精子をかけると、これで一件落着です。

ところが、その役目が終わったとたん、何とオスは次のメスを追い掛けるのです。自分の遺伝子を拡散するため、まったく休みを取らずに走り回る精力の強さには驚かされます。

## サツマカサゴのオスはメスの尻を見る

サツマカサゴは浅場に棲む魚です。夏の繁殖期に入ると、オスは絶えずメスの尻を見ます。尻を見るなどとい

サツマカサゴのペア。前の魚のお尻を見ている手前側の魚がオス

うと、何といやらしいと思う人がいるかもしれません。しかしメスの尻は、「私は成熟しました」ということを周囲に知らせる信号なのです。腹に卵が溜まると尻が大きく膨らみます。野生のチンパンジーの世界でも繁殖期に入ると、メスの尻が赤く腫れ上がり、オスに交尾可能を知らせます。ですからチンパンジーとサツマカサゴは、繁殖期に尻に変化が出るという点では共通しています。

オスは、尻の大きなメスを追い掛けます。そして、メスの周囲をグルグル回って自己アピールします。自分は準備万端であるぞということを知らせるため、急接近して、相手の目を見つめて攻めるのです。海底でサツマカサゴ同士がじっと見つめ合うシーンは滑稽です。

そこでメスがOKを出すと産卵となり、嚢《のう》という袋を二つ放出します。すると、その嚢にオスが精子をかけて受精が完成するのです。

## マゴチの追いかけっこ

マゴチという忍者のような魚がいます。全長八十センチで、東京湾の内湾の浅い砂泥底に棲み、砂の中に身を

釣り人にも人気の高いマゴチ

ひそめています。小魚や甲殻類が近づくと、飛びかかってひと呑みにするのです。

マゴチは、メスの方が体は大きく、初夏に浅瀬で産卵します。この時期になるとメスの腹は膨れ上がり、動きが鈍くなります。そのメスを、四尾から五尾のオスが取り囲みます。するとメスは急に走り出すのです。後を追うオス。メスとオスの追いかけっこが始まります。オスはメスを追ううちに体力を失い、五尾が三尾に減り、最後には一尾になってしまいます。そのオスがメスとペアを組み、カップルが誕生します。するとメスが産卵し、オスが放精するのです。一番体力のあるオスが勝ちということです。勝者になるための追いかけっこシーンは、とても面白いものです。

## キンギョハナダイのオスに注意？

東京湾の外湾には、華麗な魚が多く見られます。その代表的なものにキンギョハナダイがいます。この魚はプランクトンを主に食べ、成長すると性転換することで知られています。幼魚の時は黄色いメスですが、成長するにつれて蛍光ピンクのオスになるのです。ところが、そのオスとは別に、体長のひと回り小さい、最初からオスのキンギョハナダイがいます。

産卵期になるとオスはコロニーを作ります。ところが、その小さなオスのキンギョハナダイは、メスのグループに入っています。そのオスは、メスによくモテるのです。しかし、体が小さいので、メスと間違われやすいのですが、よく見るとオスの色彩です。この小さなオスが問題なのです。

というのは、メスが産卵する時、他のオスの目を盗み、横から飛び込んで来て、サッと自分の精子をかけて逃げ出すのです。まさにスニーカーです。大自然には、こういった面白い生態の魚が数多くいます。

## ハタの壮烈な戦い

東京湾には体長一メートル以上、六十キロ級の大きなハタが棲みついています。ハタは雌性先熟で性転換するので、大きく成長した個体は、ほとんどがオスです。

私が見たのは、勝山沖でした。潜っていたら、ド～ン、ド～ンという音が聞こえて来ます。何の音かと思ったら、海底の砂地で、二尾のハタが頭を突き合わせ、体をぶつけて戦っているのです。アメリカ大陸の大草原でバッファロー同士がツノを突き合わせて戦い、また高山の岩場ではカモシカがメスを得るため、やはりツノを突き合わせて戦っている映像を見たことがあります。

それと同じように、海底でも二尾のハタのオスが、自分のテリトリーを守り、メスを得るために頭を突き合わせて戦っていたのです。そして勝った方が、テリトリーを守ります。海も陸も同じような戦いがあるのだなあと思いながら、私はその光景を眺めていました。

## カレイの産卵は一面真っ白

カレイはとても美味しい魚です。それが何百、何千と海底で群れている世界が二十年前にはありました。東京湾の外湾にある観音崎沖の海底です。私は、そこでカレイの大産卵を見たことがあります。

通常、東京湾ではカレイは十二月末になると産卵します。ところがこの時は、スケールの大きさに圧倒される思いでした。海底全体が、まるで絨毯《じゅうたん》を敷いたようにカレイの大群で覆いつくされていたからです。そこで産卵が始まるのです。

　産卵の一ヵ月前頃からカレイの絨毯が出来ます。そしてオスがメスの背に乗り、胸ビレでメスの体をマッサージします。それはオスがメスを刺激する行動なのです。すると、とたんにメスが産卵を始めます。と同時に、オスも精子を放出します。海底は真っ白なミルク色の霧に包まれ、前方がまるで見えない状態になります。この光景は壮観です。

　ところが、その卵を食べようとして、ベラやらスズメダイなどの魚たちも群れでやって来ます。そして、産んだばかりの卵に襲いかかります。それはまさに壮絶な弱肉強食の世界でした。

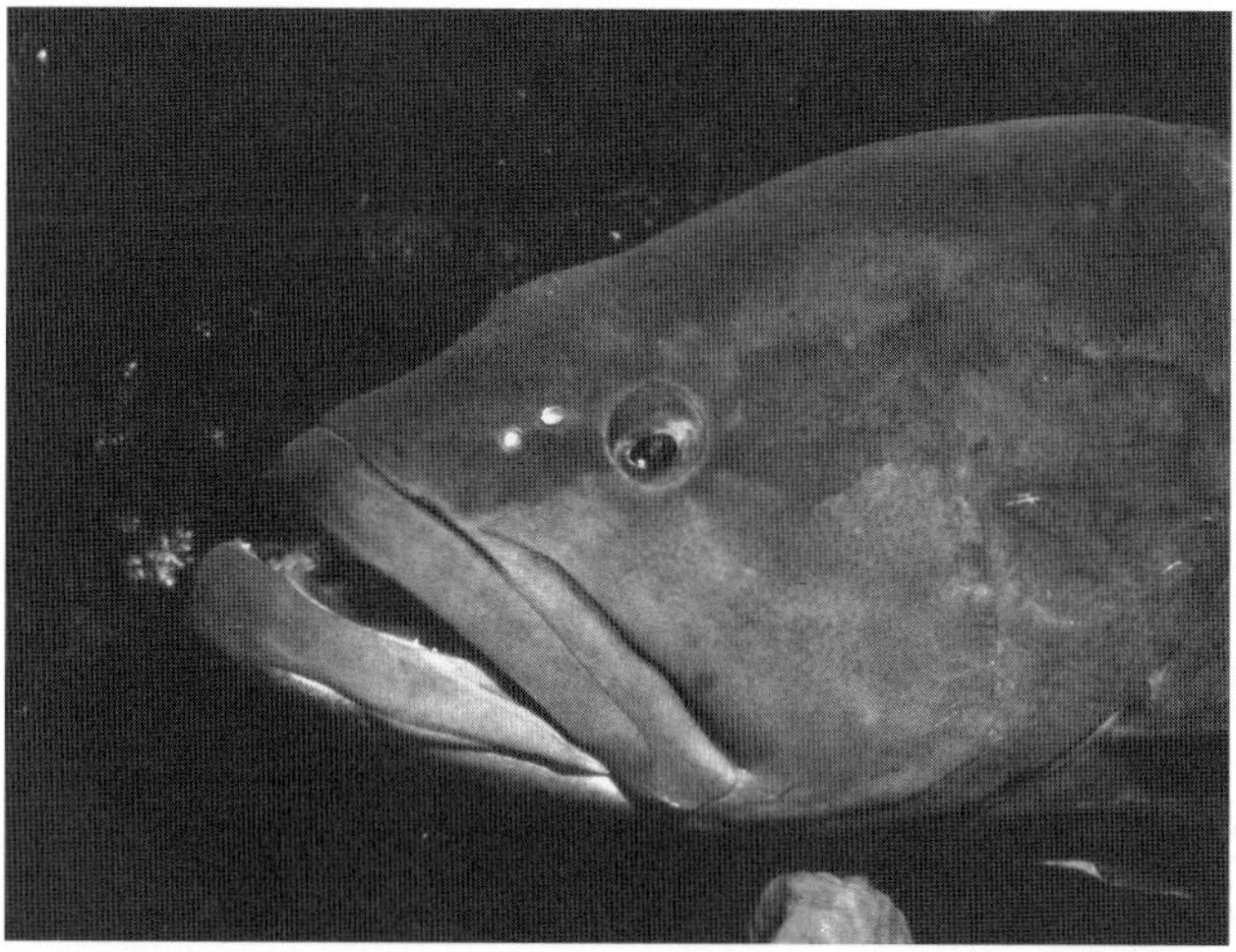

ハタの仲間のクエ。大型になると１ｍを超える。この魚同士の対決も迫力満点

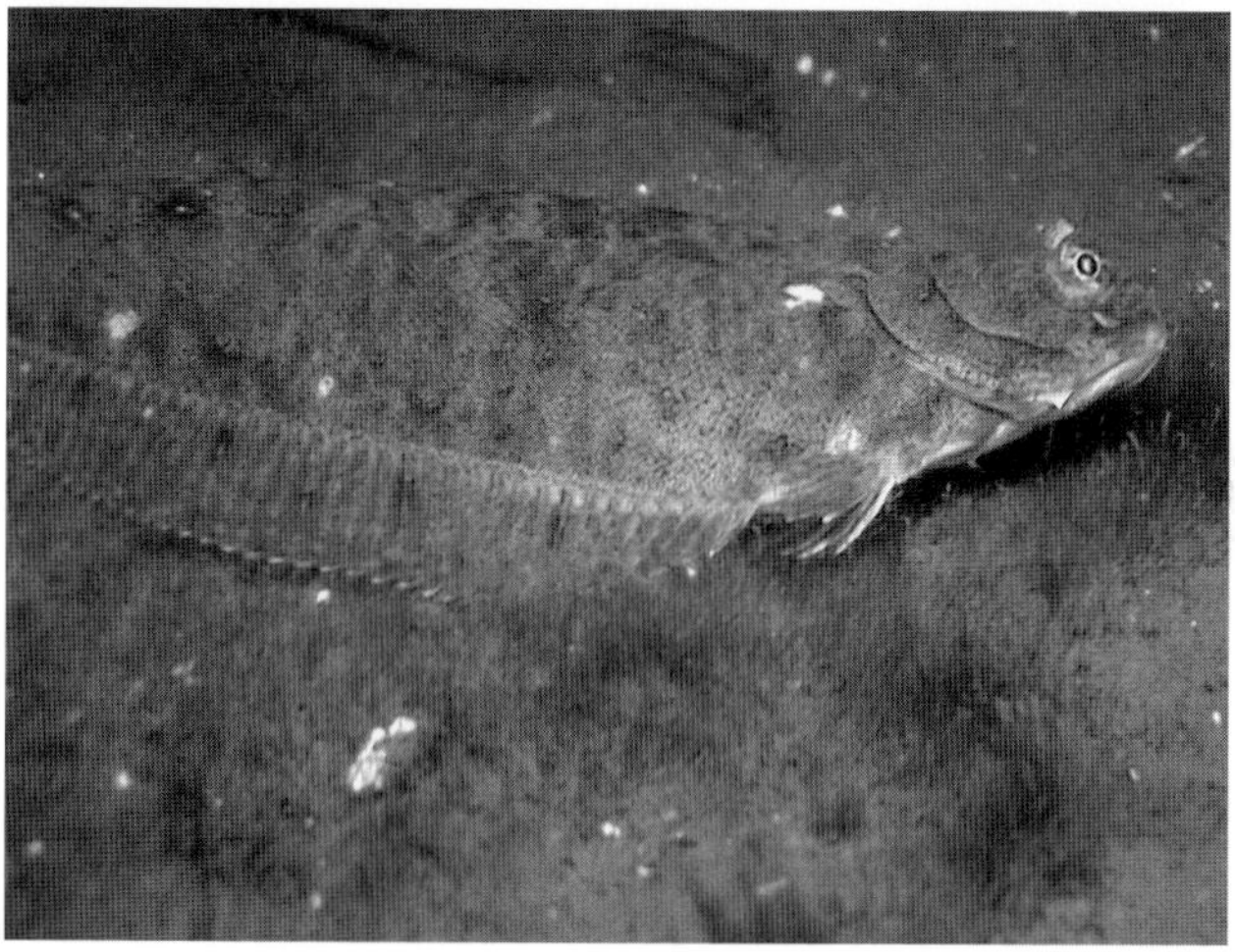

マコガレイ。群れで産卵を始めると辺りが真っ白になる

# 第6章

# 潜って分かる、魚が釣れる理由とは

金谷の地磯で釣りを楽しむ人たち

ダンゴ状にした練りエサに集まってきたクロダイ。大きさの割に臆病な魚で、最初はエサを遠巻きにして小魚たちの様子をうかがい、安心するとようやく寄ってきてエサを食べ始める

## 警戒心と焦り

私が海に潜っていると、釣り人から声がかかります。

「釣れないいんですけど、海の中がどうなっているのかちょっと見てくれませんか?」

そこで、その場所へ潜って行くと、海底は小石ばかりでガランとしています。魚の姿はなく、これでは何時間たっても釣れないでしょう。

「魚は、まったくいませんよ」

水面から顔を上げてそういうと、釣り人はきまり悪そうに、「ありがとうございます」とお礼をいって、こそこそと立ち去って行きます。釣り人は、海の中が見られないので気の毒だなと思いました。

では、海中で、どのような状況の時に魚は釣れるのでしょうか。釣り人側の工夫や知恵とあわせて、いくつか例を挙げてみましょう。

釣りイトを垂れたエサの先に、ベラやスズメダイなどのジャミと呼ばれる小魚が群れています。そして、エサをチョンチョンと四方八方からつついている。その数は一尾や二尾

アオリイカのペア

ではありません。五尾、いや十尾以上はいるでしょう。しかしその魚たちは、エサを本当に食べようとしているようには見えません。おそらく、「こんな所に変な物があるけど、食べて大丈夫なんだろうか?」と、半信半疑でいるのです。

エサをつつく音を聞いて、遠くからも色々な魚がやって来ます。そのうち腹を空かせた一尾が、そのエサに食いつこうとアクションを起こす。しかし食べていいのか、悪いのか、まだ迷っている様子です。

その時、さらに後方からやって来た魚が、「このままでは先に食べられてしまう!」と思ったのか、前の魚を追い越して真っ先にガブリと食いつき、ハリに掛かってしまいました。後から来た魚の焦りが、釣られてしまった要因です。

もう一つ、魚が釣られる要因として「連れが利用される」ケースがあります。

回遊魚やイカの仲間は、しばしばペアを組んで泳いでいます。そして一尾がハリに掛かると、ペアの片割れは、その釣られた魚を夢中で追いかけるのです。この時、抜け目のない釣り人は、「連れの魚も釣ってやろう」と、エサや擬似餌で誘います。そして実際に釣ってしまうのです。魚の習性を熟知した、釣り人の勝利です。

密集状態のオオモンハタ。居心地のいい根は格好のテリトリーになる

## テリトリーを知る

これはある人から聞いた話です。釣り番組で、「タカノハダイはテリトリーを持っていて、釣り人がその場所へ仕掛けを投げ込むと、タカノハダイはエサをくわえ、テリトリーの外へ捨てに行こうとする。そのエサをくわえた時に、ハリに掛かって釣られてしまう」といっていたそうです。

私は、本当かなと思いました。タカノハダイはテリトリーを持っているとは思えないし、むしろカサゴやハタなどテリトリーを持つ魚なら、そのエサを捨てるのではなく、食べるために食いつく可能性が高いのです。ですからこれらの磯魚を釣るには、まず彼らのテリトリーの場所を知っておくことが大切です。実際に潜って見るとよく分かりますが、根によっては、都会の満員電車の車内のように魚たちがひしめいていることもあります。

## 音で寄せる

先程、何尾もの小魚が集まり、エサをつつく時に出る音の効果の話をしました。実際、魚には側線があり、水中の音や振動にはとても敏感なのです。

音が出るタイプの擬似餌（ルアー）を引くと、その音にスズメダイがワッと集まって来た。サンゴのある海底でガリガリと音を立てたらサメがやって来た。釣り人がリールでエサを引くと水を切る音に魚がサッと寄って来た。そんな例はたくさんあります。

魚を釣ろうとする時は、この音の問題が非常に重要になります。ただし、魚種によっては下手に音を立てると逃げてしまうこともあります。魚が反応しやすい音、興奮する音を聞かせて、寄せることが肝心です。

## 弱っている魚を利用する

水中の魚たちは、一定のリズムを持って泳いでいます。リズムが取れない魚は、敵に襲われやすいのです。

例えば、イワシの群れにヒラアジなどの回遊魚が突進すると、急襲されたイワシは大混乱に陥り、散り散りになります。

この時、群れから離れた魚が出ます。その瞬間を狙って回遊魚がイワシを捕食するのです。同じように、弱った魚を利用して釣りに使う方法もあります。ちょっと残酷な話ですが、わざと弱い魚を泳がせて、襲う魚を釣るのです。

## 寄せエサを上手く利用する

「コマセ（寄せエサ）を使って釣りをしたいんだけど、本当に魚が集まって来るのかどうか、水中で見てもらえませんか？」と釣り人から頼まれたことがあります。そこで早速､寄せエサを海に撒いてもらいました。材料は、冷凍オキアミやイワシ、サンマのミンチ、さらに川泥にサナギ粉を混ぜたものなど、種々さまざまです。

投入された寄せエサが降りて行くと、今まで静かだった海底が一変します。砂地に棲むカワハギやシロギス、コロダイ、キュウセンベラなどが、いっせいに殺到して団子状になります。その様子は、まさに魚たちの大乱舞といっていいでしょう。

池にエサを投げると何十尾ものニシキゴイが殺到する、あれと同じ光景が海底でも起きているのです。それも、時間と共に砂塵が舞い上がり、各種の魚が入り乱れての大混戦です。これなら魚は釣れるはずです。しかし、目的の魚が釣れるかどうかは分かりません。パニック状態なので、どの魚が食いつくかは見当もつかないのです。

寄せエサに集まってきたアジの群れ。東京湾では寄せエサによく反応するアジの習性を利用した船釣りが大人気

ただし、寄せエサの内容によっては、目的の魚が釣れる可能性があることも間違いありません。この時、釣りにとって大切なのは、魚が違和感なくエサを食べるために、水中にある仕掛けの抵抗をゼロに近づけることだと思います。

## エサを食うタイミングを感知する

魚たちの捕食スタイルや食性は、さまざまです。海底のエサを一気に吸い込む、飛び上がって食いつく、何度もつつく、硬いエサでも平気でかみ砕く、くわえて走る、根に潜る。立ち泳ぎ状態でエサを食べるタチウオのようなユニークな魚もいます。食性も、ゴカイなどの虫類が好きなもの、甲殻類を好むもの、魚食性が強いもの、雑食性のもの、プランクトン類をよく食べるものなど、多種多様です。

なかには釣り人泣かせの魚もいます。

カワハギは、東京湾の船釣りで特に人気です。ところがこのカワハギ、エサ（仕掛け）と一緒にヘリコプターのように器用に上下に泳ぎながらおちょぼ口でエサをつ

釣り人からは「エサ盗り名人」とも称されるカワハギ

つくので、なかなかアタリが伝わらず、ハリに掛かりません。それが逆に釣り人に受けて、多くの人が何尾釣るかを競うことに夢中になっています。

ハゼは、夏場は岸から子供でも簡単に釣れる魚ですが、水温が下がると水深のある所へ移動します。そうなると、居食《いぐ》いといって、目の前にあるエサだけを、ほとんど動かずに食べるようになります。これも釣り人にはアタリが取りづらい状況です。

ヒラメは、「ヒラメ四十」という釣りのことわざがあって、エサに食いついてから飲み込むまでに時間がかかります。焦って早く合わせるのは禁物といわれています。

逆に、カサゴやアカハタなどの根魚は合わせるのが遅れると、ハリを飲み込まれたり、根に潜られてエラを広げて突っ張るので引きずり出すのは大変です。

そのほかにも、潮汐や風波、自然のエサの動向などの諸条件が魚たちの活性を大きく左右します。時合《じあい》といって、魚の食い気が高まるタイミングもあります。

釣り人は、このような魚種の特徴やその場の状況に応じて、「今、エサを食った!」瞬間を何とか感知しようと、あの手この手で工夫を凝らしているようです。

シロギスは砂地の場所に群れていることが多い

タチウオはその名のとおり立ち泳ぎの状態でエサを捕食する。その歯は大変鋭く、釣り人はワイヤーを使用するなどの工夫をして、仕掛けを切られないようにしている

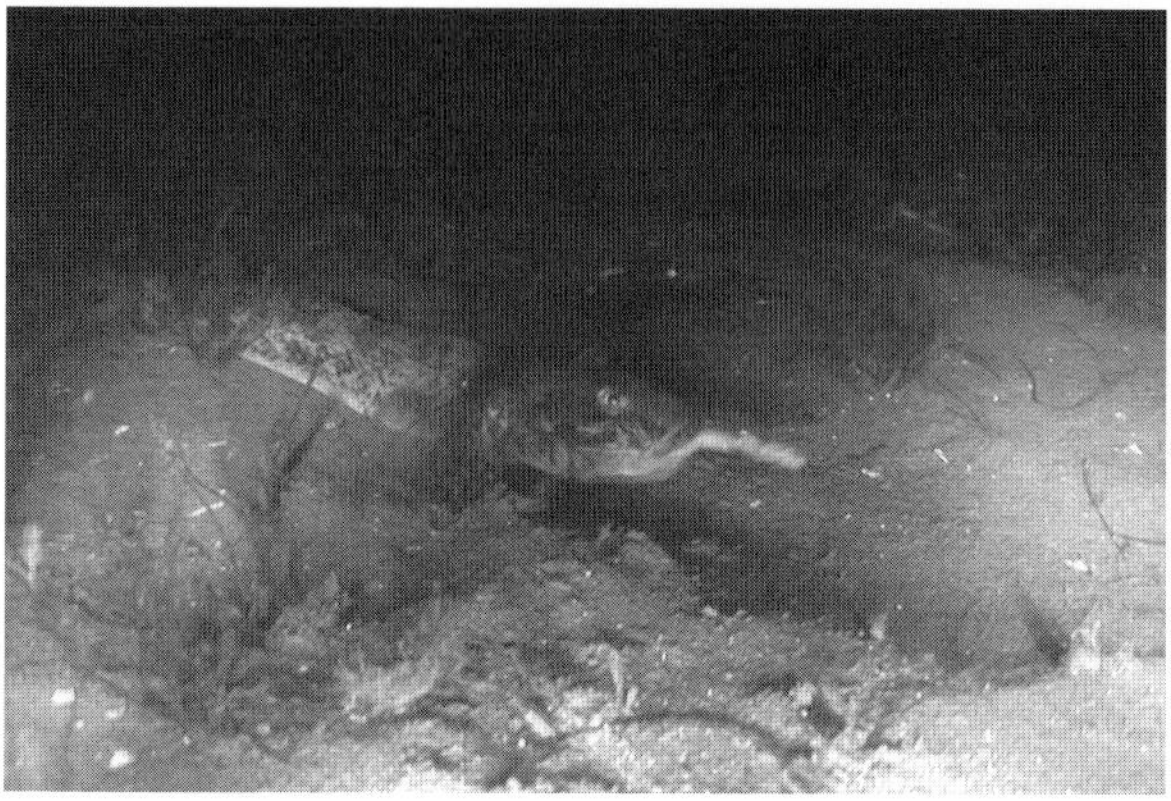

ハゼがゴカイを捕食した瞬間

# 第7章

# 東京湾こぼれ話

波左間のソフトコーラルの海を泳ぐテングダイ

オキナエビスガイ。リュウグウ……ではなかったのが残念

## 高価なオキナエビスガイを発見!?

リュウグウオキナエビスという貝を知っていますか？　昭和生まれの方ならご存じかもしれません。当時、「生きている化石」といわれたこの貝は、昭和三十年代（一九六〇年代）には一個数百万円もの値がつき、注目を浴びました。

リュウグウオキナエビスは、深海に生息する巻貝で、腹足綱古腹足目に属します。生息域は水深百から四百メートルの深海です。主にカイメンなどを捕食しています。貝殻の高さは二十センチの円錐形で、厚みがあり、クリーム色に黄色やオレンジ、赤の模様があり、殻にはスリット（切れめ）が入って、実に美しい貝です。深海に生息するため人目につかなかったのが、一八五六年に生きたオキナエビスガイ科の貝がカリブ海で発見されました。

実は、その貝が東京湾にもいたのです。

「え、本当に？」と思ったでしょう。

何と、館山湾の水深二十メートルの砂地にいたのです。

「大発見！」と見つけた私は思いました。しかも、その貝が動いたのです。慌てて拾うと、中にヤドカリが入っていました。これには思わず笑ってしまいました。

それでも、リュウグウオキナエビスなら高価な貝だろうと思い、さらに周囲を捜すと何と十五個もありました。いずれも死貝で、ヤドカリが入っていたり、殻にはフジツボが付いていて、白っぽい感じなのです。でも十五個となると大金です。ところが、帰宅してよく調べたら、それはリュウグウオキナエビスではなく、仲間のオキナエビスガイでした。数百万円もの値打ちの物ではありません。がっかりしました。

このオキナエビスガイは、千葉県の銚子沖から九州沿岸一帯までに生息する貝で、水深五十メートルから二百メートルの深海にもいます。殻高は十センチ程で、リュウグウオキナエビスに似た美しい貝です。東京湾の深海からエサを求めて上がって来たのでしょうか。長者貝とも呼ばれ、天保十四年（一八四三年）、武蔵石壽による『貝八譜』で紹介されています。また、昭和三十八年（一九六三年）から平成十四年（二〇〇二年）まで、郵便切手（四円）の意匠にもなっていました（ベニオキナエビスガイ）。東京湾の懐の深さを感じさせる貝です。

「何、リュウグウオキナエビスの本物が見たいって？」。そういう方は、沖縄の伊江島の郷土資料館を訪れるといいでしょう。平成二十六年（二〇一四年）、延縄にかかったリュウグウオキナエビスが展示されています。水深百六十メートルの深海から獲れた貝です。珍しい貝なので、百万円の値がついたそうです。

## 昼と夜の顔が一変する海の世界

海にも、昼と夜の世界があることはご存じでしょう。

私は若い頃、古老にいわれたことがあります。

「蒸し暑くて風のない六月の大潮の夜に、海へ行ってごらん。ワタリガニが腹を出して、手を繋ぎながら、群れをなして浮かんでいるよ」

早速、浦安の海へ飛んで行くと、まさにその光景に出会いました。網ですくって獲り、すぐにゆでて食べました。獲りたてのワタリガニの肉は、ホクホクしていて頬が落ちるほど美味しい。この印象があるから夜の海が好きなのです。

時刻は夕方。この先の海は昼とは全く別の世界が展開する

ダイビングを始めて、私が本格的に夜に潜るようになったのは東京湾の館山湾です。それは、夜と昼の顔が、まるで違っていることを知ったからです。

六月九日の午後八時、真っ暗な湾内の砂地を水中ライトを頼りに進むと、スズキやコハダ、イワシの稚魚が寄って来ます。それと同時に、うるさいほどのプランクトンに囲まれてしまいました。昼間あれほど静かな海が、光を求めてやって来た生物たちに囲まれて賑やかな世界に一変したのです。

水深八メートルの砂地を行くと、ミノカサゴに似たハチがゆっくりと泳いでいます。砂地に手を着いたら、その下で何か動く物があります。びっくりして手を上げたらそれもハチでした。砂地で寝ていたのです。ハチの背ビレには毒があるので、刺されないように注意が必要です。

砂地にはさまざま生物がいます。華麗なシマウシノシタやワニゴチなどは砂を被って寝ています。しかしカレイなどは、全身を砂地に出して寝ているのです。これらの魚たちは、じっとしていて近づいても逃げません。夜中に人間が侵入してくるなどとは、思いも寄らないから

でしょう。
タコが這って行く様子も実に面白いです。昼間は岩礁の穴や海藻の中に隠れているとばかり思っていたのですが、それが忍者のように、砂地の色と一体になって這って行きます。
タコ以上に驚いたのは、サザエが砂地を這っている姿です。このサザエは、漁師の人たちの間では通称〝ワタリサザエ〟といっています。ほかにも、ゴンズイがペアで交尾をしていたり、カワハギが海藻の一片をくわえて寝ていたりしています。
砂地の生物の生態が面白かったので、再び、午後九時三十分から、今度は岩礁地帯へ潜ることにしました。ところが、昼間は賑やかだった岩礁地帯には、魚たちの姿がまったく見当りません。そこで岩陰をじっくりウオッチングすると、暗褐色に変色したチョウチョウウオや、ウマズラハギの寝姿を見ることが出来ました。水中ライトを当てると、熟睡中を起こされ、はなはだ迷惑といった感じで、いらだたしそうに頭を岩にこすりつけています。ときおり、夜光性のイタチウオがナマズのようにフラリと目の前を通り過ぎます。動きがある魚はそのイタ

ミドリイシの産卵（千葉県・岩井沖）

チウオくらいで、イシダイもアイゴもメバルも皆、岩陰でぼんやりしています。海というものは、昼だけで判断してはいけません。

北海道の旭山動物園では、「夜の動物園」が人気だといいます。動物たちの夜の素顔も実に面白いのです。そして、東京湾もナイトダイビングの面白い世界を持っています。ただし、夜の東京湾を潜る場合にも、海上保安庁の許可が必要であることをつけ加えておきます。

## 東京湾の海底でサンゴが産卵する？

サンゴの産卵というと、沖縄の海を思い出す人が多いでしょう。真夏の大潮の前後になると、ミドリイシの群落であるサンゴから、いっせいにピンク色のサンゴの卵が水面へ向かって浮上します。それはいかにも生命の誕生といった感じで、胸がワクワクします。沖縄の夏の風物詩といっていいかもしれません。

そのサンゴが、東京湾にもあるのです。

私はそのことをまったく知らず、千葉の岩井沖にあると漁師から聞いた時、信じられない気持ちでした。ただ、黒潮の支流は千葉県の坂田、波左間の沖を通り過ぎ、大房岬にぶつかり、また戻って来ます。だから、この周辺の海底にサンゴが生息していても不思議ではないと思いました。

そこで潜ってみると、グリーン色のミドリイシの仲間が目に入ったのです。漁師はそのミドリイシが網にかかって迷惑だといいます。ミドリイシは二十から三十センチほどの塊で、六十畳ほどの大群落を形成していました。

私は、これならサンゴの産卵が起きるはずだと思いました。八月の満月の夜、再び潜って見ると、ミドリイシの表面には、すでに内部からピンク色の卵が浮き出ています。

「よし、産卵間違いない。時間の問題だぞ」。良い写真を撮って、周囲をアッといわせてやろう。そう思い、海底のミドリイシにカメラをセットし、水中ライトを当てました。

「さあ、何時でも産卵して来い。撮ってやる！」。撮影準備を整えて待ちます。ところがいつまでたっても産卵が始まりません。

「どうしたんだ？　早く産んでくれよ！」。私は長時間待ちました。しかし一向に産卵しないのです。そのうち空腹になり、仕方がないので水中ライトを消して、陸へ戻りました。遅い夕食を終えて海底に戻り、再びライトを点けると、何とサンゴの産卵は終わっていたのです。水面は、ピンク色のサンゴの卵に染まっていました。これには唖然としました。

後でその原因が分かったのですが、サンゴの産卵は、種類によっては暗い海でないと始まらないのです。私が水中ライトを点けたため、その間、サンゴは産卵を中止してしまったというわけです。何ごとも経験は大切だと思いました。

その後、私はＮＨＫの番組「生きもの地球紀行」で、俳優の柳生博氏と共にサンゴの産卵に立ち合い、体験談を語りながら生放送を行い、好評をいただきました。東京湾の海も沖縄の海も、一衣帯水の世界であることがよく分かりました。水中ライトの失敗は良い経験でした。

## 人工漁礁がソフトコーラルの楽園に

東京湾の海底には、数多くの人工漁礁が沈められてい

ソフトコーラルの楽園へと変化しつつある人工漁礁（上、下）

ます。それは、年々減っていく魚たちの漁獲高を上げるため、漁協や企業が莫大な費用をかけて設置しているのです。

人工漁礁のきっかけは、海難事故で沈んだ沈船に数多くの魚介類が棲みつき、良い釣り場になった、それがヒントになって始まったのだろうと思います。今から五十年前には、四角いブロックの漁礁が、無造作に砂地の上に投げ込まれていました。ただ、それは漁礁と呼ばれるほどのものではなく、単にコンクリートの塊を投げ入れたに過ぎません。そのため魚はまったく付かず、なんのための人工漁礁なのか分かりませんでした。

最近では研究が進んだのか、ブロックの形を変えたり、何段にも積み上げたり、時には深い海底から岸の方までつなげたものもあります。魚を海底から浅瀬へ呼び込むためでしょう。

人工漁礁は、海に投げ入れて五、六年経たないと魚たちが棲みつきません。そこで最近では、人工漁礁をやぐらのように高く積み上げ、頂上には滑車を作り、漁業で余った雑魚などを海底の漁礁まで落としてやるといったことも行っています。自然に魚が付くのを待つのではなく、積極的にエサを撒き、魚たちを呼び寄せ、漁礁にしてしまおうというのです。このアイディアにはなるほどと思いました。これなら成果も早く上がることでしょう。

これまで数多くの人工漁礁に潜って来ましたが、何年も沈めて置くと、五十メートル以深の人工漁礁を除くとサンゴの仲間のソフトコーラルが付き、お花畑のような楽園になります。すると今度はソフトコーラルに魚介類が棲みつき、新たな漁礁になるのです。

魚たちのよい付き場となり、すっかり自然に溶け込んだ状態（上、左頁）

今はまだ、人工漁礁によって漁獲高が飛び抜けて上がったという話は聞きませんが、紹介したような試みで、いずれ成果が出ると思います。漁師たちは、東京湾の減りゆく魚介類を復活させようと、日夜努力を重ねているのです。

# 第8章

# 対談

江戸前寿司、遊漁船、釣り人、研究者、専門出版社……、さまざまな立場で東京湾の生物にかかわる7名との著者対談。東京湾の過去・現在・未来について大いに語り合った

東京湾・神奈川県側。左に猿島を望む

# 江戸前の握り寿司を後世に残したい

# 吉野　正敏

「吉野鮨本店」五代目

**吉野正敏**
東京・日本橋「吉野鮨本店」五代目。同店は、明治十二年、屋台から始まり百四十年の歴史を数える江戸前寿司店。高島屋日本橋店の裏通りに店舗を構え、トロの握り発祥の店としても知られる。「多くの方に、好きなお寿司を好きなだけ、楽しんで食べて頂きたい」がお店のモットー

**東京湾の魚介類は、東京都民や近県の人たちからどのように見られ、食べられて来たのでしょうか。そのことを知りたいと思ったのです。東京湾で獲れた魚介類は、江戸前寿司やてんぷら、鰻の蒲焼きという形で親しまれてきました。そこで、今から百四十年前に創業した江戸前寿司の「吉野鮨本店」の吉野正敏氏を日本橋のお店に伺い、江戸前寿司のいきさつとその魅力をお聞きしました。**

## 江戸時代は屋台の立ち食い

――「吉野鮨本店」は創業が明治十二年（一八七九年）ということですが、西郷隆盛が西南の役で亡くなった二年後に日本橋で創業したわけですけど、今は何代目ですか?

**吉野**　五代目になります。

――なぜ、日本橋で寿司屋を開業し

たのですか。

**吉野**　それは当時、魚河岸が日本橋にあったからです。仕入れが近くて便利だったからじゃないですか。

――江戸前寿司の始まりはいつ頃ですか。

**吉野**　ものの本によりますと、握り寿司が始まったのは、江戸時代の文政十三年（一八三〇年）に喜多村信節が書いた『嬉遊笑覧』には「松がずし」が紹介されていますし、そのほか「與兵衛ずし」や「毛ぬき鮨」もあるといわれています。

――三つもあったんですか。

**吉野**　そうです。ただ、現代の握り寿司とは異なりますが、日本の「すし」の原型は中国にあるとされています。紀元前の書物にはもう「鮨」という字（食べ物）の記述があって、後に「鮓」という保存食も登場します。それらは、いずれも東南アジアから伝わったという話です。

――日本にはいつごろ入って来たのですか。

**吉野**　平安時代に日本に伝わったといわれています。これが「すえめし」で、塩漬けした魚とご飯と合わせ、発酵された長期保存食として誕生したんです。

――長期保存食ですか。

**吉野**　そうです。ところが、これを発酵を待たずに食べる「押し鮨」が関西に流行して、食文化になった。ですから江戸も当初は「押し鮨」が主流だったのです。ところが、その後、酢飯の上に魚のネタ、たとえば刺身や貝をのせて握る「握り鮨」に変化していったんです。それと江戸っ子は気が早いので、すぐ目の前で食べられる寿司を求めていたんですよ。

――それが屋台の立ち食いに？

**吉野**　そうです。江戸時代の絵を見ると、屋台に寿司がズラリと並んでいて、お客が立ってつまんでいる。今の寿司屋は、職人が立って、お客が座っている。逆になっていますけどね（笑）。

――お客はどんな人たちが多かったのですか。

**吉野**　やはり魚河岸の関係者とか、仕事帰りの職人、銭湯帰りの客、盛り場の客など、人の集まるところに屋台を出していたんです。

――遊郭の吉原でも売られていたそ

海の生物を愛する者同士、話は尽きない

うですね。

**吉野**　吉原の場合は、客が多いから、寿司を桶に入れていましたね。

――つまり仕事をする人の、ファストフードということですか。

**吉野**　今でいう回転寿司みたいなものですよ（笑）。並べられた寿司の中から、自分の気に入った物をつまんで食べるということです。

――先ほどの「鮨」と「鮓」の話ですが、「寿司」という字にはどんな意味があるのでしょうか。

吉野鮨本店。魚河岸が日本橋にあった時代に屋台から始まり、明治、大正、昭和、平成、そして令和の時代へと暖簾をつないできた

**吉野**　「寿司」は「寿」を「司る」、「寿の専門店」という意味合いから、「すし」という字に充てた漢字が江戸末期から使われるようになり、広まっていったとされています。

――そうだったのですね。ところで江戸前寿司の人気のネタは何ですか。

**吉野**　その前に、江戸前という言葉ですが、実は鰻の蒲焼きに使っていたんですよ。ところが江戸前の鰻だけでは需要が賄えなくなってきて、鰻屋さんが使うのを止めた。すると今度は寿司の方で江戸前を名乗りだしたんです。人気のネタについては、よく聞かれるんですけど、色々あります。今の時代はマグロです。それとコハダやアナゴですね。そのほか季節によって違うので、これといったものとはっきりいえないんです。

――昔は、江戸前の魚介類だけをネタにしていた訳ですよね。

**吉野**　うちが始めた明治時代は、馬車くらいしか交通手段がなかったので、目の前の海で獲れた魚介類をネタにしていました。そのうち時代と共に交通網が発達して、近県や九州からもどんどん入るし、江戸前といったって、ネタが獲れない時期もあります。そのまま放っておく訳にはいかないので、地方の魚介類を取り寄せる。現在はもう、飛行機で外国からもどんどん来るようになりました（笑）。

――この店のポリシーは何ですか？

**吉野**　どうして寿司が世界中に広まったかというと、美味さ、気軽さ、自由さじゃないですか。好きな物を選んで、好きな分だけ食べる。よく、寿司はどういう順番で食べたらいいのか、と聞かれるんですけど、それは自由です。トロから食べてもいいし、そうじゃなくてもいい。注文も二個でなくて、一個でもいい。個人個人、体格も違うし、好みも違うんです。そういう自由さを貫きたいですね。だから、どんどん好きなものを注文して、それを食べればいいんです。その自由さが、うちのポリシーなんですよ。

## トロを初めて寿司に入れた

―― 寿司好きの外国人に聞いたら、最初はイタリア料理から入った人がいたらしいですね。イタリア料理はイカやタコを使うでしょう。それを食べているうちに、生でも食べてみたい、食べたら美味かった。そして寿司を食べ始めた。そういう流れで外国人に受け入れられて、世界中に広まった。

**吉野** そうだったんですか。それは素晴らしいことですね。

―― カリフォルニアでも寿司が盛んですけど、ウニを最初に紹介したのは私だと思うんです。あの海の底にはウニがたくさん棲んでいる。だけど誰も食べない。私の家は東京の本郷で、代々魚屋をやっていたんです。だから魚介類のことは分かる。そのウニをバターと胡椒とニンニクを入れてボイルし、現地の人に食べさせた。すると彼らはとても驚いて、ウニの美味さを知ったんです。

**吉野** それは凄い（笑）。

―― 寿司というとトロが人気です。作家の三島由紀夫が、トロばかり注文して、お寿司屋さんを困らせたという話は有名ですが、そのトロを、こちらのお店が初めて使ったんですよね。

**吉野** そうです。江戸時代、刺身といったら白身魚です。江戸時代はマグロが赤身だから、下魚という低い評価だったんです。それとマグロという魚は、獲れる海が遠方ですよね。だから魚河岸に着いた時には、もう鮮度が落ちている。魚の肌の色が変わっている。そのため表面の身は使えない。そこで中身のところを使った。すると、その中身のトロのところが美味い。吉野鮨の二代目が、これはイケルのではないかと客に出したら評判が良かった。ただ、名前がついていない。そこでどういう名前にしようかと考えて、お客と話しているうちに、口に入ると「トロっとしてとけるように美味い」ということで、トロという名前にしたんです。それが大正時代のことでした。

## 本物の江戸前の握り寿司を後世に残していきたい

―― 今、江戸前寿司というと値段が高いでしょう。

**吉野** お寿司屋さんの職人というのは、レベルの高いネタを使いたがりますからね。それを使ったら高くなってしまう。しかし、それでも使いたがる。

――江戸時代なんか豪商や武士階級も寿司を盛んに食べていた。だから高い。それに現在でも、葬儀のお通夜に出る。これは最高のおもてなしということですよね。

**吉野**　でも、常識的な値段がありますよ。若い人でも食べられる値段でなければ駄目です。だから、うちも高いけど、若いお客さんにも来ていただいています。それくらいの値段でないと駄目なんです。

――これは京都での話ですが、私と芸者さん四人で、有名な高級料理店へ入った。それこそ俳優の勝新太郎が通うような名店です。そこで飲んで食べたら二十三万円も取られた。翌日から京都の街を、一歩も外へ出歩けなくなりました。お金がないからです（笑）。

**吉野**　そんなふうに、お客にお金を使わせては駄目ですよ。かつてはファストフードだったのですから……。

――それと江戸前寿司というと、ネタの範囲がどこまでか、それが難しい。

**吉野**　そうですね。昔のウナギは江戸前でよく獲れていましたし、川沿いにウナギを食べさせる店も多かった。

――私も十五年間、ウナギの養殖にかかわっていましたから、そのへんのことは詳しいんです。しかし、いずれにしても東京湾の魚介類は、本来はとても豊富で、美味しいものですよね。とくに魚は、独特の味わいがあって。ハゼにしても、アナゴやアジにしても。カレイなんかは江戸前とすぐに分かります。そんな魚たちの美味みは、東京湾に隅田川や多摩川などの川が流れ込んでいて、山からの水が栄養をたっぷりと含んでいた。だから、育った魚は身がプリプリして美味いんです。そのことをどう思いますか。

**吉野**　その通りだと思います。昔はそうだったんですよ。ただ東京湾も高度成長期には公害で汚れて、臭くて、魚介類はとても食べられなかった。ところが現在は、三十年から四十年前に比べたら、随分、海がきれいになった。だからアナゴやタコ、コハダ、スミイカなどは江戸前のものを使いますよ。それはおっしゃる通り美味い。あと、シャコなんかいいですね。先日、金沢八景で獲れたシャコがいいとTVでいったら、人気が出て、こっちの方へネタが回って来ない（笑）。地元の人気ネタになってしまったんです。

江戸前寿司をやっている以上、少しでも東京湾がきれいになってもらって、いい魚介類をお客さんに提供したい。そういった本物の江戸前寿司を後世に残していきたいですね。

――今日は、お忙しいところを、どうもありがとうございました。

（2019年5月8日／吉野鮨本店）

# 東京湾のハゼを復活させたい

# 安田　進

屋形船「晴海屋」4代目

**安田　進**
明治 34 年に月島で漁業を開業、４代続く佃島漁業協同組合所属の漁師。江東区東砂にて遊漁船業を長年営み、昭和 63 年からは併行して屋形船を始める。手にしているのは、埋め立てで深刻なダメージを受けたマハゼやヤガラ、カワハギの幼魚のホルマリン漬け

東京湾で屋形船を浮かべ、春は花見、夏は花火、秋と冬は遊覧観光と多くの観光客を楽しませている「晴海屋」取締役の安田進氏は、かつて私と共に「有明十六万坪埋め立て計画」反対で戦った仲間です。あれから二十年近くが経った今、東京湾では何が起きているのか、またどのように変わったのかをお聞きしました。

## ハゼ釣りで人生が決まった

――お久し振りです。相変わらずお元気ですね。今日は、東京湾の現在を知りたいと思ってお伺いしたんですよ。

**安田**　いや、今年は、キスがいないんです。

――そうですか。ところが逆に、アカハタやオオモンハタが多くなった。ここ数年のことです。その原因は何かを話す前に、安田さんの家は確か、佃

島漁業組合所属の漁師ですよね。

**安田**　明治時代から続く漁師で、私で四代目です。ですからシラウオを、いまだに毎年三月一日に、徳川家へ献上しているんです（笑）。当時は月島にいて、はえ縄でスズキを獲ったり、海苔の養殖もやっていたんですよ。

――由緒ある佃島の漁師だった訳ですね。それじゃあ、小さい頃から釣りが好きだった？

**安田**　大好きでしたね。晴海屋は昭和27年くらいに江東区の東砂へ引っ越して来たんですが、毎朝、荒川でハゼ釣りに明け暮れていました。とにかく時間があると川へ行ってました。エサなんかも、川底の砂からゴカイを掘り出して、それをハリに付けて釣った。面白いように釣れましたね。岸には何千人もの人がズラリと並んで釣っていて、壮観でした。また東京湾の船のハゼ釣りも盛んでした。

――昭和三十年から四十年代は空前の釣りブームで、釣り船に作家の開高健や志賀直哉の姿も見かけましたよ。確か五十万人の釣り人が繰り出したと記録に残っています。

**安田**　それくらいハゼ釣りがブームだったんですよ。

――その時の感動が、今の職業に繋がっているんですか。

**安田**　そうです。将来は釣りで食っていきたいと思っていました。中学生の時には、剱崎まで船で出かけてアジやイサキ、メバルなどを釣っていました。その後は、ルアーでスズキを釣るのが好きでしたね。とにかく、好きな釣りで生涯を送りたい、そう思ったんですよ。ところで尾崎さんにお聞きしたいのは、今、なぜキスがいなくなったんでしょうか？

――それは東京湾の砂地が、コンクリート投入により岩礁化したからじゃないですか。岩礁の海で見られるのは肉食魚のフィッシュイーター、例えばメバルやサワラ、ブリ、スズキなどです。ブリなどは沖からやって来ますよ。クロダイなんか河口にまで来ています。ところが、キスは砂地に棲む魚です。江戸前といわれる海域に砂地がなくなってきたから、棲めないいんじゃないですか。

**安田**　やはり消波ブロックや、堤防などの人工建造物によるコンクリート化が原因ですか。そういえば尾崎さんと初めて会ったのは、埋め立て問題でしたね。

## ハゼの文化がなくなった

――そうです。「有明十六万坪埋め立て計画」に反対したのは、平成十二年（二〇〇〇年）の年でしたね。

**安田**　確か、東京都は住宅が少ないので、有明の海を埋め立てるのだと東京都や運輸省がいい出した。今は東京オリンピックの競技会場になっていますけど、あの時と今では、いっているこ とがまったく違う（笑）。

――平成十二年に運輸省が工事を認可して、九月十三日に東京都港湾局が有明十六万坪埋め立て工事に着手しました。海を愛する者にとって、この貴重な砂地を、何てことをしてくれるんだと怒り心頭でした。マスコミでも取り上げられ、「最後の江戸前の海を消すな」という声も上がっていたんですけどね。

**安田**　あの場所は、隅田川の河口沖にあって、アマモや海藻が繁殖していました。マハゼやセイゴ、カレイなどの稚魚が育つ場所だったんです。そこで尾崎さんに来ていただき、水中にカメラを入れて調べていただいたんですよ。

――実際に潜ってみると、この砂地は小魚の産卵場というか、小魚が大量に湧き出て来る。東京湾の養魚センターの役目を果たしていたんです（笑）。この海を埋め立てたら、小魚たちはみな死んでしまう。この貴重な場所を埋め立ててはならないと必死で戦いましたね。

**安田**　マハゼの一大生育地ですからね。これは何としても反対しなければならない。特に、昭和から平成時代の初期にかけても、ハゼ釣りは大人気で、東京湾はハゼの船で大賑わいをみせていた。釣り人には最高の楽しみだったんです。また、われわれ釣り船稼業の生活が、すべてここにかかっていましたからね。尾崎さんには、有明の海の中をカメラで撮っていただき、「こんな貴重な生物が生息する海を殺しては駄目だ」と、ＴＶで魚たちの映像をバンバン流してもらって抗議したんです。あの映像を見て、われわれ自身も随分、海の中のことを教えてもらいましたよ。

――この埋め立て反対運動には東京都の職員もいたくらいで、海を知っている者なら誰でも反対しますよ。それほどまでに、無謀な埋め立て計画でした。

**安田**　そうです。この海を潰したらハゼ釣りの文化がなくなってしまう、そう思いました。そして案の定、実際に埋め立てが完成したら、ハゼがほとんど全滅した。つまり、十割いたところが、九割のハゼがいなくなった。そのためハゼ釣りの文化がなくなってしまったんですよ。

――中央水産研究所の資料を見ますと、マハゼの漁獲量は一九六〇年代前半には五百トン。それが二〇〇〇年に入ると、数トンに減少した。そこにあの埋め立てですよ。ただでさえ激減

安田さんは、東京都の有明十六万坪埋め立て計画に反対し、共に声を上げて戦った同志

晴海屋に飾られていた一枚の写真。前回東京オリンピック開催翌年（1965）の東京湾。当時は秋になるとハゼねらいの舟で海が埋め尽くされた。それほどハゼが豊富にいたのだ

していたハゼなのに、その生育地を埋めてしまったから、ハゼが壊滅してしまったんです。

**安田**　私たちは、ハゼ釣りのお客さんから要望がまったくなくなり、稼業としても成り立たない。悔しかったですね。その記録にと思って、この海で獲ったマハゼやヤガラ、カワハギの幼魚をホルマリン漬けにして持っているんです。これがその証明ですよ（実際に魚たちのホルマリン漬けの標本を見せていただいた）。

――いやあ、これを見るのは辛いですね。本当にハゼも稚魚たちも死滅した。そのため釣り人や釣り船も消されてしまったんです。

**安田**　本当にそうですね。ハゼ釣りが駄目になったため、釣り船稼業も、今後の生活もどのようにしようかと、次の展開を考えなくてはならないと思いましたね。

## 東京湾の現在の姿とは

――辛かったでしょう。

**安田**　ええ、今は、屋形船で外国人や観光客を乗せてお台場やスカイツリーを回ったり、季節によっては隅田川のお花見や花火大会、納涼大会などもやっています。

――徳光和夫さん、さんまさんなど芸能人を屋形船に乗せているのをTVで見ましたよ。

**安田**　ありがとうございます。ところで尾崎さん、十六万坪の埋め立て地周辺の海は、今どうなっているんですか。

――その後のことですか。実は、あそこが埋め立てられた後、お台場など、二年間かけて周囲の海を調査したんです。そうしたら、ヘドロではなく、人工的に砂を入れた場所には生物がいるんです。夜、水中ライトで海底を照ら

すと、セイゴの小魚やエビ類がワッと集まって来る。それはものすごい数ですよ。今度、その映像をお見せしますよ。とにかく屋形船で、そういう映像を見せたらいいんです。東京湾は生きているんだと。ところが一・五メートルまでの砂地には生物が多く生息しているのですが、その先の沖合はヘドロの海で、生物は棲めない。つまり魚介類の幼魚や幼生は生まれるけど、育つ場所がないんです。

**安田**　それはひどい。生む場所があっても、育てる保育園がないということですか？

――　そうなんです。健康な砂地がなくなってしまいましたからね。

**安田**　困りましたね。以前、江戸時代に書かれた津軽采女の『何羨録』で、江戸湾の釣り場の地図を見たことがあるんです。そこには大森沖から江戸川までの間にある洲、つまり、その砂地がしっかりと描かれていましてね。水深は二メートルと浅いところから、深くて二十メートルなんです。これは素晴らしい洲ですよ。砂地と浅瀬がないと海の生物は育たない。マダイなど江戸前の魚介類は、この浅瀬の海で育ったんですからね。

――　そうなんです。東京湾の埋め立てがすべて悪いといっているんじゃない。場所を選んで欲しい。健康な砂地にヘドロが溜まったため、ある所はメタンガスでヘドロが白くなっている。またある所は水アカのようなゴミが表面を被い、コンクリートのような硬い地盤になってしまっている。そんなところに生き物は棲みませんよ。そこを東京都や国土交通省は考えて欲しいんです。

**安田**　どうすれば良くなるんですか。

――　そういう場所の海底は、コンクリートのように硬いから、田畑のように耕やさないと駄目なんです。

**安田**　そういえば、尾崎さんが以前いっていたんですが、東京の地下鉄工事で掘り出した砂は、かつて東京湾の海底の砂だった。もし、埋め立てに使うんだったら、そういう場所から掘り出した砂を使えばいいって。同じ土質ですからね。魚たちは死なない。だから干潟の再生には、そんな砂を使って欲しい。生物が生き返りますからね。

――　その辺を関係者は真剣に考えて欲しいですね。安田さんは、今後、東京湾に期待することは何ですか。

## 東京湾の水を綺麗にして欲しい

**安田**　まず海の水が綺麗になることを期待したい。そしてシラウオが、もう一度佃島に上がって来るような海になって欲しい。実際、シラウオが昭和四十年代までは海から遡上して来たんです。先程、佃島の漁師が、徳川家へシラウオを献上しているといいましたけど、当時は本当に佃島で獲れたんです。というのは、江戸城の間近まで江戸湾の海が迫っていた、その場所が佃島なんです。そこで徳川幕府は江戸城警備のため、船を使う漁業を許可していた。つまり、佃島の漁師は、江戸城の見張り役を果たしていた。そのためシラウオ漁の特権も与えていたんです。だから、そこまでシラウオが見られる海に戻して欲しいですよ。

――それ以外にもありますか。

**安田**　やはり、先程いったハゼの復活です。私が子供の頃は、東京湾に面したどの川でも、運河でも皆、釣りイトを垂れてハゼを釣っていた。それは子供の遊びであり、大人の釣り場でもあった。いわば社交場ですよ。そこで子供たちは魚のことを知ったり、釣りの技術を学んだり、大人の世界を知ったり、という勉強の場でもあったんです。

――私もそこで随分と勉強させられました。釣りに限らず、投網の投げ方や水中での貝の見つけ方などを教わった。それがどれほど勉強になったことか。今は、危険だから河川に入ってはいけないと子供を近づけないようにするでしょう。それじゃあ釣りの文化は育たないですよ。そう思いませんか。

**安田**　思います。ただ現在は、川や運河に釣り人の姿がないですよ。それは魚がいないからなんです。以前はハゼやボラ、クロダイなど五十から六十種類の魚が東京湾に棲んでいた。釣れる環境を復活して欲しいですね。

――ハゼの文化がなくなったということは大変なことですよ。

**安田**　そのハゼのことですけど、私は学者のようにはハゼに詳しくないので、獲れたハゼの中でマハゼではない黒いハゼは、すべて同じダボハゼと思っていた（笑）。ところが、水槽に入れて良く見ると、真っ黒い体が青色の奇麗な姿になったり、色んな種類がいてびっくりしたんです。これが平成の天皇、今の上皇が研究されていたハゼなのかと改めて思いました。そういえば、この裏に団地があって、その側を中川が流れている。そこに上皇が来られましてね。ここで研究中のハゼを採集されたのだと、現場を見に来られたんですよ。これには驚きました。

――それを聞くと余計に残念に思います。

安田　そうですよ。ハゼの文化をなしちゃあいけない。東京湾にとっても大きな損失ですよ。

――おっしゃる通りですね。

（2019年5月16日／晴海屋）

# バック・トゥ・ザ・金谷
## ―我が青春の海

明鐘岬

金谷のフェリー発着場

今回のテーマは、千葉県の金谷です。三十年前、私は『マリンダイビング』の鷲尾編集長と一緒に潜りました。その時の話で、少し長くなりますが、岡澤裕治さんとの対談の「まえがき」としてお読みください。

### 東の金谷か、西の真鶴か

私は今、千葉県の金谷にある明鐘岬に立っています。眼下には東京湾の夏の海が静かに広がり、岬の先端には戦国時代の兜のような岩（兜岩）があり、白波を被っています。この海底のカジメ林は、かつてアワビやサザエがたくさん見られ、ダイバー垂涎のスポットだったのです。

東京湾というと、釣り人や漁師がメインですが、ダイバーも存在していたのです。日本のダイビングの歴史は、昭和三十二年（一九五七年）に日本ダイビング協会が発足したことに始まります。前年にジャック・イブ・クストーの不朽の名作、水中科学映画『沈黙の世界』が上映されて、世界中の若者たちは熱狂しました。未知の海中世界へ潜ることが、若者たちのステータスだったのです。

当時は「東の金谷か、西の真鶴か」といわれていました。ダイバーの憧れのダイビングスポットだったのです。

私は小学校四年生の時、金谷へ遠足に行きました。そこで漁師さんがタコを突いたのを見て、かっこいいな、自分も海へ潜りたいと思ったのです。十五歳でスキューバタンクを背負い、初めて金谷でクロダイを突きました。この明鐘岬に立っていると、かつての青春が蘇って来るような気がします。

当時のダイビングスポットは、関東ではほかに真鶴や葉山、横須賀がありましたが、メインはこの金谷でした。

金谷沖の海底

そして、それぞれの地元にはダイバーのボスがいました。真鶴の鶴さん、葉山マリンフェニックスの佐藤さん、横須賀の荒川さん、千葉の太平潜水の池田さん。そして東京シーハントの尾崎、つまり私です。

ここに紹介したダイバーたちは、その海をテリトリーにして、講習生やクラブ員を一人前のダイバーに仕立てようと懸命に鍛えていたのです。

昭和六十二年（一九八七）に石を切り出す汚水が流入して汚染された東京湾の金谷はどうなっているのか、これから明鐘岬の海底へ潜るのです。

## カジメ林の先に広がる光景

八月八日午前十一時三十分にエントリー。浅瀬にカゴカキダイやソラスズメダイの群れが走り、ゴンズイ玉が岩陰に見られます。しかし、透明度は非常に悪い。五メートルがやっとで、水中には分解しきれなかった生活排水の成分が白い塵状になって降っていますす。海底には灰色の泥が堆積し、フィンをあおるとワッとそれが舞い上がります。

この泥の原因は、明鐘岬の背後にそびえる鋸山から石を切り出して、港から川崎まで石船で運ぶのですが、その際、山から石を切り出す汚水が海へ流れ込み、そこに含まれる砂塵が海を汚してしまっているのです。そのため海底一帯は泥に覆われ、まるで灰色の世界になってしまいました。

それでも沖合に浮かぶ兜岩へ向かいます。近づくにつれ、カジメ林が目につきます。長さ一・五メートルもある大きなカジメの樹海の上を泳ぎます。しかし、そのカジメも暗褐色の葉は色あせて破れ、ところどころスリ傷だらけです。

白い塵はますますひどくなり、カジメ林の上に降り積もります。また岩礁の壁に咲くイソバナやウミトサカも生気を失い、白い塵のため灰色に汚れています。かつて夢ように美しかった金谷の海が嘘のようです。このひどさは、まさに東京湾の一部なのだと思い知らされた感じです。

ところがカジメ林を抜けると、一瞬のうちに海の色が灰色からブルーに変わりました。それは、黒潮の支流が東京湾に流れ込み、泥を洗い流し、白い塵を追い払ったからです。透明度はゆうに十メートルはあります。そこに数十尾のアジの群れが現れ、銀色の鱗を光らせて目の前を走って行きます。と、次の瞬間、反対側からメジナの幼魚が、数百尾の大群で迫って来ます。さらにネンブツダイの群れやマツバスズメダイの群れも交叉して近づいて来るのです。

「これだ、この光景が金谷なのだ!」。私はマスクの中で叫びました。

第二回目のダイビングは、午後十二時四十分に、金谷港の右手のスポットを潜りました。

岸からのエントリーでは、透明度が最悪で、三メートルがやっとです。そこで仕方なく、兜岩近くの砂地へと潜りました。しかし、この砂地の海底も泥が溜まり、着地するとアッという間に周囲が濁ってしまう。そこで出来るだけ濁らせないように砂地を進みました。するとマダコやウシノシタ、メイタガレイなどが汚れた砂地の中に隠れているのです。そんな砂地をウオッチングして岸へ戻りました。

現在の金谷は、陸からの廃棄物で海は汚染され、灰色の世界と化しています。しかし、沖合の海は、かつて私たちを感動させた黒潮の海が広がっています。また兜岩周辺の海底にはシラコダイやゲンロクダイ、チョウチョウウオ、ハオコゼ、ソラスズメダイなどのカラフルな魚たちが目につき、一挙に変貌した感があるのです。近場の海は灰色でも、沖合はまるで伊豆のような海だったのです。

# 変わりゆく東京湾と遊漁船
# 岡澤 裕治

釣船「光進丸」・
岡澤釣具店主人

**岡澤裕治**
千葉県富津市金谷にて、遊漁船「光進丸」・岡澤釣具店を営む。金谷産の「黄金アジ」をはじめ、カワハギ、マルイカなど、四季折々の美味しく楽しい釣りものの情報やサービスを、釣り人に提供している

**前頁までの「バック・トゥ・ザ・金谷」は、今から三十年前に金谷の海へ潜った時の印象です。**
**そこで今日は、金谷で釣り船業を経営している岡澤さんに、現在の金谷の海の現状を語っていただきました。**

## 水温が三度上がっている

――最初に、金谷というか、東京湾では多くの変化が起きています。例えば砂地でいえばシロギスが減って、マゴチやクロダイが増えています。この傾向をどう見ますか。

**岡澤**　今年の金谷は磯場が荒れて、ヒジキが少ない。千葉県沿岸ではワカメが全滅しています。カジメやアラメもまるでない。ただウニだけは増えているんですよ。

――何が原因ですか。

**岡澤**　やはり水温の変化だと思いま

対談中は、秋の台風15号で千葉県に甚大な被害が出るとは想像もしていなかった……

す。つまり十年前の五月の水温は、十二度から十三度だった。ところが、今年は十五度から十七度もあるんです。去年の十一月でも十九度もあった。十九度といったら南の海からカジキが回って来ますよ。だから突きん棒漁をやる。こんなこと、今までまったくなかったですよ。温暖化の影響でしょう。

――水温が上がると南の海からの魚が多くなる。それと岩礁の魚が豊かになる。ところが温暖化に関係なく、砂地がヘドロで覆われているためシロギスがまったく見られません。

**岡澤**　そうです。富津のイイダコも、めっきり少なくなって、盤洲の方へ行ってしまったんです。

――本当ですか？　それは困ったな。つまり砂地が硬くなったため、魚介類が棲めない。アマモも枯れて腐ってしまっている。だから砂地の生物は枯渇したんです。それを防ぐためには、新しい海砂を三十から五十センチ入れることですよ。三年もすれば、砂地は復活すると思いますが……東京湾には、それだけの力があるんです。

**岡澤**　それと、金谷漁港には砂の湧く場所があるんです。それこそ掘っても、掘っても湧いて来る。そういう生きた海砂を使って、そういう場所に撒いて欲しいですね。そうすればすぐに魚介類がつくと思います。

――それはいいですね。幕張や他の浅い海でも、新しい砂を入れると数年後には貝が湧きます。地元の漁師はびっくりしていましたけど、大自然とはそういう力があるんです。

**岡澤**　尾崎さんにちょっとお聞きしたいんですけど、釣りで使うオキアミが磯の根を枯らすというでしょう。あれはどうなんですか？

――そういう話をよく聞くんです。だけど、私はそうは思わない。確かに

光進丸。変わりゆく東京湾の海と魚たちにどう対応していくべきか、岡澤さんも日々考えている

オキアミをやると魚が寄ります。そして残ったオキアミは腐敗するけど、プランクトンが湧くんです。撒き過ぎるのは良くないと思いますが、葛西でも浦安でもたくさん湧いているのを知っています。それが稚魚たちのエサになるんです。そして、その稚魚をスズキなどが食べに来る。だから、それが悪いとは思わない。むしろ、その先のことですよ。砂地に魚が湧いても、周囲の海がヘドロだったら生きていけない。お台場の海を見ても、砂地は魚が湧いていますけど、その先の周囲のヘドロのところには魚がいないです。

**岡澤**　湾奥は水質の問題は解決したんですか？　東京湾の水の方はどうですか。綺麗になったという声もありますけど、尾崎さんはどう思います？

――　それは難しい問題ですね。上の潮はいいんです。だけど下が、まだ駄目ですね。

**岡澤**　上の潮は東京オリンピックなどの対策で、浄化能力が上がりましたからね。

――　それと最近の変化は、アカハタとオオモンハタが増えたこと。十年前の東京湾の魚類図録には載っていなかった。それが、今は目につきます。館山辺りの海には六十センチ級のものがゴロゴロいますからね。コロダイも二キロ、三キロ級がいますよ。ですから、三年後には、この金谷にも入って来ます。釣り船としては準備をしておいた方がいいんじゃないですか。お客さんのためにもね。そういう良い情報もあるんですよ（笑）。

**岡澤**　ところで、沖縄にはグルクン（タカサゴ）という魚がいますけど、どこまで北上しているんですか。

――　東京湾には、もう入っていますよ。数は少ないけど、定置網に入っています。今はグルクンに限らず、水温の関係でさまざまな南の魚介類が北上しています。例えばイセエビは銚子までが北限だといわれていましたけど、今は岩手の重茂半島の海で、トロールにかかっています。漁協でもそれを知っていますよ。

**岡澤**　それじゃあ、この金谷も尾崎さんに潜ってもらって、何か新しい情報を教えてもらいましょうか。

## 「黄金アジ」のブランド化を

――気候変動の波を、岡澤さんはどうとらえています？

**岡澤**　そうですね。例えばアジは温暖化で増えています。うちは釣り船が稼業ですから、そのアジを「黄金アジ」とブランド化してお客さんに釣っていただく。それが第一ですね。一方で、カワハギはこの数年不調です。マルイカもここのところ釣れていません。

――それをそのままにしてはいけない。放っておけば、それが当たり前になってしまう。どうしてそうなったのかを、時には学者や研究者を含めて、皆で議論しなければならない。そのために私は本を書こうと思ったんです。

**岡澤**　そうですか。ところで恐ろしい予兆があります。最近、サゴシ（サワラの幼魚）がディズニーランドの沖で獲れている。外湾側では、以前からセグロイワシなどを追って入ってきたと思われるものがいましたが、どうして東京湾の最も奥の海で獲れるようになったのか、それが不思議なんです。

――皆で情報を出し合って議論すればいいんです。私は初めて金谷の明鐘岬に潜ったのは十五歳の時です。もう六十年も見て来ています。その間の変遷をいうと、当初は伊豆のような素晴らしい海でした。ところが泥が溜まり、それが海底から舞い上がり、水面には生活用品のゴミが浮かぶようになった。

**岡澤**　生活排水で海を随分汚しましたからね。

――水面というのは大切な場所なんです。産卵後の卵は、いずれ水面に上がるでしょう。そこに油が浮かんでいたら、彼らは生きていられない。それと浅場のカジメやアラメなどの海藻が少なくなり、エサがなくなったためサザエやアワビが駄目になった。本当は漁師の方に集まっていただき、現在、何に直面しているのか問題点を出して、皆で解決策を語り合うといいんです。

**岡澤**　その通りですよ。尾崎さんには、機会を作っていただき皆の意見を聞いてもらいたいと思います。

――そういう場が設けられたらぜひ、呼んでください。私もあちこちの漁協の集まりに参加して、現在の海の状況をお話ししているんですよ。

**岡澤**　ありがとうございます。

（2019年5月21日／富津市）

※追記：9月9日に関東地方を襲った台風15号の影響により、千葉県は広域で家屋への被害とともに停電が発生。岡澤氏の棲む富津市も10日間以上電気が止まり、多くの市民が困難な生活を強いられた。

# 今後、東京湾の釣りをどう楽しむか？

# 宮澤　幸則

グローブライド株式会社
フィッシング営業本部
マーケティング二部副部長

**宮澤幸則**
幼少時の野池のフナ釣りをはじめ、バス釣り、ソルトルアー、沖釣りなどさまざまな釣りに親しみ精通する。現在はグローブライド株式会社フィッシング営業本部 マーケティング二部副部長として、エギや仕掛け等の開発に携わる

宮澤さんは、カワハギ釣りを対象とした「宮澤塾」を主宰しています。なぜ、それほどまでに情熱を燃やすのか。またカワハギが少なくなった現状をどう考えているのか、その思いを語ってもらいました。

## 温暖化で釣果はどう変わるか？

――今日は、東京湾を熟知している宮澤さんに、まず現在の釣りの状況をお聞きしたいんです。例えば地球の温暖化により水温が上昇している、砂地のヘドロ化によって砂地の魚が減った、そういうことを耳にしますが、実際の釣果はどうなんですか。

**宮澤**　間違いなくカワハギやシロギスが減っています。その代わりクロダイやマダイが増えているように感じます。例えばカジメの多い場所はカワハギの好ポイントなんですが、カジメそのものがない（笑）。

――そうなんですよね。金谷の漁師に聞いたんですが、海藻がまったくなくて、ウニばかりだと。砂地も泥を被ってマルイカやカレイ、ハゼも獲れない。それとわずかな砂地で幼魚が増えても隠れる場所がない。だからスズキなどの肉食魚に食べられてしまうというんです。

**宮澤**　東京湾ではアオリイカも減っているように感じます。館山湾なんかアマモや海藻が邪魔なほどあったのに、今はそれがない。そのため砂地の魚介類も減っているんです。

――これまで千葉側の海の状況は聞いていたのですが、横須賀方面などはどうなんですか？

**宮澤**　私は千葉側も横須賀側も釣りに行くのですが、横須賀側の方がまだ変化が少ない。海藻などは減っていますけど、まだ残っています。そのため金谷にいるはずの魚が横須賀側に寄っているなと感じているんです。かつて秋などは、金谷沖や岩井海岸などは海藻が多く、カワハギの良い漁場だった。それがなくなり、移動しているのかもしれない。それがカワハギであったり、アオリイカであったりします。

――水温の上昇についてはいかがですか？

**宮澤**　第一に、東京湾の海にメリハリがなくなったなという感じがしますね。それはある意味でうれしいこともあるんです。かつて、十一月、十二月などは水温が低いのでシロギスの釣果は落ちますが、最近は水温が高いので釣れ続くんです（笑）。五、六年前からそういう状態が続いています。

――水温は三度上がったようですね。

**宮澤**　上がった水温は冬場でも落ちない。だから魚も深場へ落ちない。しかし、その後は下がるので一気に釣果も落ちてしまうんですけどね（笑）。

――確かに東京湾は変化しています。この水温の上昇は五十年に一度なのか、それとも百年に一度なのか、その辺のことが分からない。だから困ってしまうんです。

**宮澤**　そういうことですよね。

## 確実に魚が少なくなっているように感じる

――でも、シロギスが長く釣れるというのはいいことではないですか？

**宮澤**　いや、それが、そうでもないんです。東京湾の良さは、その時期によって釣れる魚の種類が違う、四季折々です。それが魅力的だったんです。

――宮澤さんは二十年前から東京湾で釣りを始めているわけですけど、当時はどういう状況だったのですか？

**宮澤**　埋め立てで干潟が少なくなり、

アマモなどの海藻類が減るとそれを産卵に利用しているアオリイカが減少するといったように、海の生態系はさまざまな生物が複雑に関係し合っている

宮澤さんとはカワハギ釣りDVDの水中撮影などでコンビを組んだ深い関係。それだけに話は大いに盛り上がった

工場や家庭の排水で東京湾が汚染されていた。そういうエリアもありました。

――東京湾は江戸時代から埋め立てが始まり、現在では九十パーセント以上の干潟が埋め立てられてしまっています。今あるのは盤洲と三番瀬が有名ですが、そのほかに野島海岸、多摩川河口、三枚洲、谷津ぐらいですよ。干潟の陸化は東京湾の自浄能力を失わせてしまった。また、汚水の原因は、周辺人口三千百万人の家庭の排水と工場排水です。ある意味では巨大な貯水湖のような海です。だから国がよほど管理しなければならない。それなのに目が行き届かず、しわ寄せを食った魚介類に問題が起きてしまった。

**宮澤**　それと、先程いったように水温の上昇で海のメリハリがなくなってしまった。

――十年後はどういう感じになると思いますか。

**宮澤**　そうなると、汚染のことや水温の上昇のことをいっていられない。だから、その時、その時で、釣れる魚を釣るという感じですよ。もっと南で釣れていた魚が楽しめたりして（笑）。

――今は釣れているけど、その先は分からないということですよね。だから金谷の岡澤さんじゃないけど、釣れるアジをブランド化して、価値観を高めるということでしょうね。でも、東京湾では、四季折々の釣りが楽しめるというのはいいですね。

**宮澤**　そうです。そういう場所は、国内でも、外国でも少ないでしょう。ただ、最近、東京湾の水が綺麗になったといいますけど、それは化学的に綺麗になったというのではないかと思っています。例えばディズニーランドの池は化学的に処理された水ですからいつも綺麗ですけどコイは泳いでいないみたいな。東京都は、東京湾の水が綺麗になったからいいでしょう、みたいなことといいますけど、そうじゃないと思うんです。

――以前、水道局の人が来て、東京都の水道水の内容を細かく説明して、今は理想的ですよっていうんです。

**宮澤**　確かにそうなんです。うちの息子が金魚すくいで、すくった金魚を飼っているんですけど、死なせたくないのである詳しい人に聞いたら、今の水道水はカルキ抜きを入れなくても飼えるというんです。それほどレベルが上がっている。そういう水が東京湾に流れ込んでいるんです。だけど、地の魚の方はどうなんでしょうかね。

――そうね、水は綺麗になったけど、大自然にマッチしているのか、ネイチャーなのか。それが疑問です。

**宮澤**　そうですよ。水底に棲むウナギやアナゴはどうなのかと思いましたね。

――今まで、東京湾の水については生活排水、例えば洗濯機からの排水の影響などがよくいわれてきましたが、それはその後、どうなったのか。水面は確かに綺麗になっているけど、それは黒潮の支流が入ってきているからではないか。あるいは浄化能力が上がっているためなのか、それがよく分からないんです。

**宮澤**　ところで東京湾の魚は、過去と比べて減っているのか、増えているのか、その点どう思います？　私は減っていると思うんですけど……。

――減っていますよ。中央水産研究所の発表では、マイワシもマコガレイも減っている。上層の潮は綺麗で、温度が高いから南の海から多くの魚がやって来る。しかし、下層の潮はよくないから魚が少ない。海藻も少なくなった分、魚も減っている。昔に比べたら三分の一じゃないかと思うんです。

**宮澤**　そうでしょうね。そのことは感じていますよ。

## カワハギを楽しむ会を主宰

――魚が減ってきているということですが、釣り人や釣り船はどう対応しているのですか。

**宮澤**　それは深刻な問題です。ただ釣り人も変わって来ています。私や尾崎さんのようなベテランは、大量に釣りたいと思うけど、最近の釣り人は、自分が食べるだけ、それもエサも使わず、ルアーを使ってゲーム感覚で楽しむ人が多い。「スマートな釣り人」というんですかね。身軽な感じで来ますよ。それが時代の流れなのかもしれません。だから船宿もそうなっています。ライトなタックルで、1尾1尾を大事に楽しむ。そういうゲーム感覚で楽しめる環境になっているんですよ（笑）。

―― 東京湾での釣り人口はどのくらいですか。

**宮澤**　はっきりとは分かりませんけど、百万人ぐらいじゃないですか。釣りのシーズンでいえば九月、十月が最盛期で、アジやイナダ、ワラサ、カツオ、大型のキハダマグロまで。小さいのではカワハギはもちろん、ハゼやキスなどオールマイティーです。冬はヤリイカで、春はマダイとアオリイカですね。

―― 今、宮澤さんは「宮澤塾」というのをやっていますけど、ちょっと説明してください。

**宮澤**　はい、釣り人を一人でも多く増やそうと思って釣りの塾をやっているんです。例えば、「この日、僕はここへ釣りに行きますよ」という情報をSNSやフェイスブックで紹介して、当日、そこに来る人に釣りのノウハウを教えてあげる。それはお金を取るのではなく、一緒に釣りを楽しみましょうというスタンスなんです。カワハギ釣りは東京湾では、江戸前の釣りということで、かつてより人気があるんです。特に関東の釣り人には人気が高い。

―― 今、会員はどのくらいですか。

**宮澤**　フェイスブックに「極鋭カワハギ友の会」というグループがあるのですが、三千名くらいです。また東海、関西、四国、西日本にもグループがありますので、全体で三千五百名くらいですね。

―― 新米杯というのがあるんですね。

**宮澤**　ええ、「新米」というのは「入門者」という意味ではなく（笑）、お米の新米です。私の師匠にアユ釣りの名手がいて、その方が、カワハギの釣り方のノウハウを知りたかったら地元でとれた新米を持って来い、そうすれば教えてやるというので、大会をやったんです。丁度、9月にアユシーズンが終了し、同じタイミングでカワハギシーズンがスタートします。どちらも競技性の高い釣りで、一発でみなさんハマっちゃいましたね。

―― お米はどのくらい集まりましたか。

**宮澤**　去年は二・五トンです。それが会場に集まるんです。集まった人が三百六十人。船も十八船出してもらって大盛況でした。参加者は五十代の男性が多く、その家族の人たちですね。尾崎さんにも協力していただいていますよ（笑）。

―― ええ、協力させていただいています。こういう会が存続するということが、東京湾の釣り人口を増やすことにつながるんです。今後もご活躍を期待していますよ。

**宮澤**　有難うございます。

（2019年5月23日／東京・早稲田）

# 東京湾の将来を考える

# 萩原 清司

「横須賀市自然・人文博物館」
海洋生物学担当学芸員

**萩原清司**
東海大学海洋学部卒、江ノ島水族館、鹿島技術研究所、海洋バイオテクノロジー研究所を経て、現在は横須賀市自然・人文博物館の海洋生物学担当学芸員。ダイビング歴40年。三浦半島を拠点に、死滅回遊魚など無効分散する海洋生物の動向などの東京湾や相模湾の生態系について研究するほか、ハゼ類を中心とした魚類分類学の研究を行っている

**私は六十年もの間、東京湾に潜り、楽しみ、勉強させてもらいました。しかし、今の東京湾はあまりに変わってしまった。そこで、今日は、もう一度、原点を見直してみたいと思います。幸い萩原清司先生は潜り仲間です。そこで「横須賀市自然・人文博物館」を訪れ、学芸員である先生に、この変わり果てた東京湾をどのように見て、将来どのようにすれば良いのか、その意見をお聞きしました。**

## 温暖化の影響をもろに受けた東京湾

――萩原先生とは、何度も東京湾を一緒に潜って来ましたが、この変貌ぶりはいかがですか?

**萩原**　今日も、観音崎から走水までの磯を歩いて来たのですが、一九七〇年から八〇年代に繁殖していたムラサキ

イガイの姿がまったく見られないんですよ。

―― 外来種の貝ですよね。かつてムール貝として食用で人気があった。

**萩原** そうです。毎年、春先には、小指の先程のムラサキイガイの稚貝が岸壁に付くのですが、水温が上がると、皆死んでしまう。気になって周囲の海岸を捜したのですが、その貝が、一つも見つからない。かつてはバケツ何杯も獲れたのに、嘘みたいな話ですよ(笑)。あれは元々、ヨーロッパの冷たい海に生息している貝だから、仕方がないんですけどね。

―― それは水温が上昇して、死んでしまったということですか?

**萩原** それもありますけど、潮が引いた後、今は日射しが物凄く強いでしょう。その日射しに対応出来ないんです。つまり五月から気温が三十度に上がり、十月まで続くでしょう。この高温の連続には堪えられない。

―― 去年、走水を潜ったのですが、海底がコンクリートのように硬くなっていて、苔が付き、ナマコの仲間がびっしり付いていました。

**萩原** 私が毎週のように潜っていたのは四十年前です。その時は、観音崎周辺の海を潜ったのですが、海底は今のナマコじゃないけれど、カレイがびっしり張り付いていた。手を降ろすと三十センチクラスのカレイにぶつかる。それくらい魚が多かった(笑)。

―― そうでしたね。カレイの産卵は、オスがメスの上に乗り、放精する。そのため海が真っ白なミルク色に染まって、その中を潜った(笑)。ところが去年、そこを潜りましたけど、そんなことがあったのかな、と思うくらい何も無い。先程先生が、ムラサキイガイがいなくなったとおっしゃいましたけど、ウチムラサキもいない。あの貝が帯のように連なっていたのですが、どこへ消えてしまったのかと思うくらいですよ。

**萩原** 困った問題ですよね。

―― ところで、東京湾の水温はいつ頃から、このように上がるようになったのですか?

**萩原** それはもう、三十年くらい前からじゃないですか。二度以上も上昇したでしょう。それも百年、五百年のスパンではなく、たった三十年の間に、ですよ。異常ですよね。

―― 今までの地球規模では、考えられないことですか。

**萩原** 考えられません。例えば氷河期が来て、温暖な時期が来てというのなら分かりますけど、一〇〇〇年のオーダーで変わって行くものが、一瞬の内に圧縮されて来た感じです。この温暖化は地球規模的な問題ですが、東京湾のような浅くて狭い海は、その影響をもろに受けてしまったんですよ。

## 東京湾の今後を考える

―― 困ったものですね。ことに砂地の魚が少なくなった。シロギスなどは、湾内の砂地でなかなか見られない。こういった現象が嘆かわしですよ。私たちが子供の頃に見た東京湾の素晴らしい原風景を、何とか取り戻せないものか。その点、どうお考えですか。

野島公園前の海底。東京湾には本来、このようなやわらかい砂地と藻の存在が欠かせないのだが（魚はウミタナゴ）

**萩原**　原風景というものも、個人個人さまざまなんです。その基準をどこへ置くかが問題です。

―― 私は昭和十九年生まれで、原風景といえば、日本が敗戦を迎え、東京は焼け野原で、江戸川の河口にはアシが生え、ヨシキリが鳴いていて、汽水域にはカニがいたり、カレイなどの魚がうようよ泳いでいた。海は魚介類が豊富だった。それが原風景ですけど、そこまで贅沢はいいません、ただ回復出来る海と出来ない海がある。例えば埋め立て地にはヘドロの海が広がっている。そのヘドロを何とか新しい砂に入れ替えて回復することが出来ないか。これまで砂を入れることによって、魚介類が湧いたという漁師の声もあるんです。

**萩原**　その通りです。西日本の海なんか、その方法でかなり回復した所があります。つまり大型船が通れる程度の航路が開通できれば、その周辺のヘドロの上に新しい砂を入れて魚介類を回復させる。「覆砂《ふくさ》」というのですが、そのことには大賛成なんです。

―― 関東辺りの地下鉄工事では、地下から砂を掘っていますから、それを使えばいいんです。かつては東京湾の砂だったんですからね。

**萩原**　その砂なんですが、河川からの供給が足りないんです。それは河川周辺を護岸で土を盛ってしてしまい、砂が取れない。山も砂防対策を取っているため砂が足りないんです。ですから東京湾内の砂を持ち寄っているありさまなんですよ。とにかく砂が足りない。走水のように潮の速い所は、かつてあった砂が流出して海底の岩盤が剥き出しになってしまっている。しかし地方のダムなんかは、逆に砂が溜まって仕方がない。それを利用する方法があります。しかし、その費用を誰が負担

『山と溪谷社　日本の海水魚』『小学館の図鑑 NEO　魚』『小学館の図鑑 NEO　飼育と観察』『日本産魚類検索全種の同定　第三版』『小学館の図鑑 Z　日本魚類館』『奄美群島の魚類図鑑』（いずれも共著）など多数の著作でも知られる萩原先生。長年の「潜り仲間」でもあることから、当日はさまざまな話を伺い、率直な意見交換をした

するのか、という問題が発生してしまうんです。

――だから、そういう問題提起をして解決すればいいと思うんですが。

**萩原**　バブルの時期には予算がついたんです。だけど、今は厳しい時代ですからね。なかなか上手くいかない。

――でも、中央水産研究所の資料を見ると年々漁獲高が減ってしまっている。それも三分の一にも減っている。東京湾の海の資源が枯渇するような状況にある訳です。そういう声をもっと漁師さんの方から上げなければ駄目だと思うんです。

**萩原**　ただ、そこに大きな問題があるんです。漁師さんにも高齢化の波がある。あと十年、二十年たって誰が自分の跡を継ぐのか、後継者がいるのか、いないのか。もし、何十年でも漁師を継いでくれる、そういう生計プランがあるのなら声高に訴えられる。ところが、それが出来ない難しい問題もあるんです。

――それと、もう一つ関連する問題があります。先日、野島公園へ視察に行ったんですけど、あそこは横浜市の考え方なんでしょうけど、市民と海が一体化していて、誰もが海を楽しみ、美味しい魚介類を味わえる、そういう環境が作られている。ところが、他の地域にはそれが少ない。市民が東京湾に親しめる環境を持つことが大切なんですよ。ところが東京湾の海は危険だからとか、保安上の理由で、人が入らないようにバリケードを張りめぐらしてしまい、市民と海を遮断して接点がない。そこら辺りを考えてもらいたい。そうでないと漁師さんの跡つぎは生まれないですよ。

**萩原**　実は以前、川崎市から市の子供たちに「海の教育をして欲しい」という依頼があったんです。そこで川崎の海へ連れて行ったんですけど、どこも直立した護岸でしょう（笑）。海に触れようにも触れられない。仕方なく釣りをしてもいい場所を捜して、子供たちに釣りをさせて、その魚をバケツに入れて見せたことがあるんです。それくらいしか出来ない状況でしたね。

――でも、それは素晴らしい。とにかく、そういうことを博物館のような公的な所でやって欲しい。それと生活がかかっている漁師の方からも、もっと声を上げて欲しいですね。

**萩原**　ただ東京湾の戦後の歴史は、東京を発展させるため、漁師の方が漁業権を放棄して、お金をもらった。その後の海のことなど考える余裕がなかったんです。それが現在の東京湾の荒廃した状況につながっている。それが良い、悪いじゃなくて、生活する人には仕方がないことかもしれません。それぞれの家庭がありますからね。とやかくはいえません。だけど、東京湾には、そういう背景があったことだけは事実なんです。だから漁業権のない海が広がっている。そのため、今日のような問題が生じる一因となっているんですよ。

――だから、この問題はもっと根本的なところから、東京湾を学校教育の一環に入れて考えなくてはならない。そいう強い姿勢が欲しいですね。皆、東京湾の恩恵を受けているのに真剣じゃないんですからね。

## 現在の状況を改善するにはどうしたらいいか？

――今、東京湾を良くするためにさまざまな市民の会が発足しており、活動が盛んです。ことにアユの調査では、二〇一二年には約千二百万尾ものアユが遡上している。これらの活動をどう思いますか。

**萩原**　結構しっかりした学識経験者の方がついているので頼もしい限りですね。こういう意識の高い人たちによる調査や再生実験などは、東京湾を良くするための、ある道筋になると思います。道筋が立てば、そこをどのようにすればいいのか、方法論につながるんです。そこに向かって、国や企業が投資していくということではないですか。素晴らしい活動ですよ。

――国として、東京湾の現状をどう考えているか、どこの省が管轄なんですか。

**萩原**　それはやはり環境省でしょうね。ただ発言力が弱いんです。東京湾は日本の玄関口ですので、やはり国交省や経産省、その次に環境省か場合によっては文科省、ということになります。

――今まで議論して来ましたけど、

東京湾で、以前よりも良くなった点は何ですか。

**萩原**　単純にいえば水質は良くなっています。かつてのような有害物質による汚染からは脱却しています。あとは物理的な環境を整えてやることですね。例えば人工海浜などは砂を入れればいい訳ですが、その後の管理をどうすればいいかのということです。

――メンテナンスということですか。

**萩原**　そうです。人工海浜を作っても、絶えず、その砂を掘り返したり、砂の補充をしたりしなければならない。かつての潮干狩りは、多くの人が来て、アサリやハマグリを獲るために砂を掘り返した。それが良かったんですね。ところが漁業権のない海の砂を誰が管理するのかということです。

――漁師がいない今、なかなか難しい問題ですね。

**萩原**　そうです。この問題は奥が深いんですよ。だから尾崎さんみたいな人が語り部になって、「かつての東京湾は、こんなに素晴らしい海だったんだ」ということを語って欲しい。

――語り部ですか？

**萩原**　そうです。

――先生は以前、企業に勤務されたことがありますので、企業と東京湾についてどうお考えですか？

**萩原**　私は、かつてゼネコンの研究所にいたんです。企業もやはり東京湾を研究していますし、準備もしています。ただ、アイデアが出てもそれが企業として利益に結びつくかどうかが問題なんです。例えば海を壊すことも出来れば、作ることも出来るんです。そして、海の環境が大切なんだという時代の要請があれば、それに乗って仕事をすることも出来る。

――私は企業が東京湾を埋め立てしたり、開発することは決して悪いことではないと思うんです。だけど……。

**萩原**　企業にはミチゲーションという考え方があります。それは海を埋め立てたら、それと同じ面積の人工海浜を作りなさい。それが産業になる。そういうことに投資する社会になっていけばいいと思うんです。例えば税金が上がります。しかし、その目的が示されていなければ誰だって払いたくないですよ。ところが「環境問題に使います」といった政府の方針が出れば、それほどの苦情は来ない。また何割かの人は納得してくれると思うんです。そういう社会の状況になっていけば、東京湾の再生は計れると思うんですけどね。

――やはり政治というか社会の要請というか、そういう方向に向かわないと無理なんですね。これからは、私がもっと吠えないといけませんね（笑）。

（2019年6月5日／横須賀市自然・人文博物館）

# 鈴木 康友

## 大自然に手を入れてはいけない

株式会社つり人社会長

**鈴木康友**
昭和46年、株式会社つり人社に入社。月刊『つり人』の編集者として国内外のさまざまな釣りにかかわる。別冊『鮎釣り』のほか、国内初のバスフィッシングマガジン『Basser』、同フライフィッシングマガジン『FlyFisher』を創刊するなど、さまざまな雑誌の創刊も手掛けてきた。平成8年、代表取締役就任を経て、現在は同社会長。（公財）日本釣振興会常務理事

鈴木康友氏は、私と同じ東京の下町生まれです。戦後のまだきれいな川で泳ぐという原風景の中で私たちは少年時代を過ごしました。それが高度成長期を境に河川も東京湾も汚れ、変貌してしまった。現在の姿をどのように見ているのか。かつての美しい東京湾や河川を再生するためにはどうしたらいいのか。さまざまな東京湾再生プロジェクトにかかわる鈴木氏に、方策をお聞きしました。

### 東京の下町の川で寒中水泳

――鈴木会長は昭和二十四年生まれ、団塊の世代です。子供の頃は、東京にも自然が残っていましたね。

**鈴木**　今では考えられないことですが、中川では寒中水泳の行事をやっていたんですよ。確か一月の寒い時期に、古式豊かな泳法で泳いでいた。今でもそ

の時の記念バックルを持っていますよ、これです。

——随分古いものですね。一九六〇年といったら、昭和三十五年でしょう。私は十五歳でした。地元の江戸川もまだきれいで、潜ったり、泳いだり、魚を釣ったり、カニを獲ったりして楽しんでいました。

対談に登場した中川寒中水泳の貴重な証。右側に「1960 葛飾区 水泳連盟」の文字が、下には「寒中水泳」の文字が刻まれている

**鈴木**　私の住んでいた葛飾区も、ゼロメートル地帯で、辺りには池や蓮田が多かった。池ではタナゴを釣り、川ではウナギやフナ、ライギョを釣っていました。時には自転者で浦安へ一時間かけて出掛け、ハゼやメソッコ（アナゴの若魚）を釣っていました。釣り少年ではなかったのですが、家が貧しかったものですから、釣ったものは何でも食べていました。ライギョでもザリガニでも（笑）。

——あんなもの美味しいんですか？

**鈴木**　子供の頃は食糧難だから、ザリガニはイセエビのように尾の方を剥いて、しょう油で煮て食べてました（笑）。

——そういう時代でしたね（笑）。それが鈴木さんの原点ですか。

**鈴木**　それが当たり前のことだと思っていました。東京湾はとにかく素晴らしくきれいな海で、多くの魚介類がいましたからね。

## 東京湾の海が貧弱になった原因

——いつ頃からでしたか、東京湾が汚くなったのは。

**鈴木**　昭和三十九年（一九六四年）の東京オリンピックの前からです。凄まじい勢いで東京が変貌した。頭上を首都高速や東名高速が走り、東京タワーが建った。私の近所の住宅地の周辺には、蓮田が広がっていたのですが、それがどんどん町工場に変わりました。うちの隣はメッキ工場だったから、硫酸や塩酸などを溝から川へ直接流し込んでいた。魚なんか、生きていられませんよ。

それから、これはもっと後の話ですが、私は「東京はぜ釣研究会」というハゼ釣りの会に所属していますが、月島で、ある日突然釣れなくなった。不思議に思っていたら、仕掛けのヨリモドシやハリス止の金メッキが、まっ黒になったんです。そこで、東京水産大や筑波大で調べてもらうと、一九六〇年から一九七〇年代にかけての廃液がヘドロとなって埋まっていて、それが開発の工事で浮き上がって来た影響ではというんです。それ程東京湾はひどい状況で、汚染されて生物が棲めなかった。

―― 私が魚を獲っていた江戸川も汚染されて、釣りなどの原風景がまったく影を消しました。

**鈴木** 当時の急激な近代化が、東京湾や河川を殺してしまったんです。東京湾も河川もすべて駄目になって、船宿には補償金が出ました。ただ、東京湾を悪くしたのは、都市の近代化だけではないんです。東京湾に注ぐ河川がダムなどの工事でせき止められてしまっていたからです。

―― 東京湾には多くの川が流れ込んで、美味しい魚や貝を育てていましたからね。

**鈴木** 水力発電のためとか治水・治山、用水確保、いろんな理由をつけて、東京周辺の山に無数のダムや堰を作った。山からの流れを止めてしまった結果、落葉樹の栄養豊富なミネラルを含んだ水の供給が絶たれ、東京の海には下流域で排水を処理した力の無い水しか流れ込まない。土砂の流入もありません。これでは東京湾の力が失われてしまいますよ。ダムを建設する人達、行政にそういう知識がなかったんです。

―― 山の落葉樹から流れる水の力を知らないんですね。

**鈴木** これは平成二十三年（二〇一一年）に起きた東日本大震災にもいえることなんです。震災の後、私は友人のいる岩手県釜石市に駆けつけたんですけど、そこでは津波が湾から川へ遡り、山奥まで押し寄せて行った。海も川も駄目になってしまったのではと心配しましたが、地元には昔から、津波大漁という言葉があるんです。津波の後は、大漁になるというのです。釜石は、かつてはコンブの豊富な海でしたが、高度成長期に入るとコンブがまったく生えなくなった。ところが震災で、津波が山奥まで逆流したため、山の豊富な栄養素を持った水が川を伝って海に流れ込んだ。するとたちまちコンブが大きく育ち始め、大豊作になったんです。それと同じことがカキにもいえます。カキも海に力が無くなると、小振りになってしまった。ところが震災後、半年で大きなカキが獲れるようになった。だから日本の近代化の悪いところは、

同じ東京の下町に生まれ育ち、年齢も近く、東京の景色と川、海が激変するのを見てきた

「豊かな海を取り戻すには老朽化したダムを撤去することです」と鈴木氏はいう

山にダムを作りすぎ、河口堰を作って豊富な山の水をせき止めてしまった、それが大きな原因なんです。

## ダムを撤去し、垂直護岸を斜めに

――東京湾再生のため、今、何が必要だと思いますか？

**鈴木**　繰り返しますが、東京湾が力の無い海になったのは、東京湾に流れ込む川に造られたダムと埋め立ての影響です。大自然の恵みを阻害している。そのことは河口堰にもいえます。山からの恵みの水をせき止めては駄目なんです。では、どうしたらいいか？　簡単です、撤去すればいい。ダムを壊すには、ダム一個作った分の経費が必要といわれています。実行すれば地域の雇用が生まれるし、自然の恵みが還って来る。こんな素晴らしいことはないじゃないですか。

――東京湾に関連するダムはどれくらいあるのですか。

**鈴木**　群馬県だけで四十七のダムがあり、その上流部に数多くの砂防堰堤が造られています。近県の数を加えると数え切れないでしょうね。十年ほど前、オランダへ行ったんですけど、あの国は土地が海より低い。だから周囲を河口堰で囲って守った。そのため内部に自然破壊が生じた。そこで国が国民に謝ったんですね。自然破壊をしないために、河口堰を開放する。そうすると自然も回復したんです。昔は高波を予想できなかったから堰を閉めて国を守った。しかし現在は、高波の危機はコンピューターなどで予想出来るでしょう。だから、河口堰は、もう時代遅れの存在なんですよ。

――オーストラリアでも、いかに大自然が重要かということが分かってきて、堰を開放しています。

**鈴木**　アメリカもそうです。しかも、ダムを壊すと自然に戻るのに五十年かかるといわれていたのが、たった五年で戻って来た。日本でも熊本の球磨川の荒瀬ダムが撤去され、急激に自然が回復しました。日本は雨が多いので復活も早いんです。私は若い頃、イギリスにいたことがあるのですが、産業革命を起こしたイギリスでは、その後、テムズ川にサケ一尾を遡上させるのに二百年かかりました。それに比べたら、日本の自然が持つ力がいかに素晴らしいかがわかります。

河口堰は防災目的といわれますが、山から流れる水をせき止めてはいけない。水を規制しなければ東京湾は蘇ります。これは国というか、役人というか、変貌する東京を作る時の設計ミスといってもいいでしょうね。

——先のことには気が回らなかった。

**鈴木**　ただ先程いったように、ダムを壊すには莫大なお金がかかるという意見があります。しかし、そこで雇用が生じますし、その利益は計りしれない。それともう一つ問題があるのは、東京湾の周辺が垂直護岸であること。これは企業の私有地なんです。これらのことを話し合いで解決しなければならない。護岸に傾斜を作って酸素を海に入れる。テレビで人気のDASH海岸のような施設をたくさん作り、海を回復させることもいいと思うんです。

——魚介類にやさしい環境を作るということですね。

**鈴木**　そうです。浅瀬を再生するということです。

——東京湾は再生能力が高い海なので、魚たちの棲める環境さえ作れば、かつての東京湾が戻って来ます。

**鈴木**　私は「東京湾浅瀬再生実験PT」（東京湾再生官民連携フォーラム）にかかわっているのですが、これらの諸問題を解決するために、東京都をはじめ神奈川県横浜市、川崎市、千葉県と話し合って傾斜護岸を作ろうと思っているんです。私が子供の頃に感動した素晴らしい東京湾に少しでも近づけたい。そして、世界的な大都市といわれるこの東京で魚がもっとたくさん釣れるようになれば、それは世界中に自慢できる素晴らしいことです。セーヌ川で川スズキが釣れるのは、パリっ子たちの自慢なんです。ニューヨークのハドソン川でストライプトバスが釣れることも、ニューヨークっ子たちにとっては自慢です。日本を訪れた海外の人たちが、「TOKYOでは川も海もきれいで魚があんなに釣れるんだ！」と驚いてくれたら、最高じゃないですか。

——期待しております。今日は貴重なお話を聞かせていただき有難うございました。

（2019年9月5日／つり人社）

三十年前の『マリンダイビング』連載記事のコピーを手元に話に花がさく。それは昔話ではなく未来へつながる提言だ

巻末対談

# 水中から見た東京湾の素顔

# 尾崎幸司 VS 鷲尾絖一郎

東京シーハント
水中映像カメラマン

『マリンダイビング』元編集長
海洋ジャーナリスト

**最後は、私が三十年来交流のある鷲尾氏を迎え、令和元年に東京湾の過去・現在・未来について、環境から教育問題まで二人で熱く語り合いました。私たちの目の前にはどんな現実があり、未来があるのでしょうか。**

## 令和の東京湾は何点？

**鷲尾**　今回、尾崎さんが東京湾の本を出されるということは、私にとって非常に嬉しいことなんです。それというのは、今から三十年前に尾崎さんから、当時私が編集長を務めていた『マリンダイビング』編集部に、東京湾のレポートを連載してくれないか、という申し出がありました。会社では、これまでトロピカルな沖縄やハワイ、タヒチなど南の海ばかりを紹介していたので、足元の東京湾の海はどうなっているのか、まるで分からない。そこで、『マ

**鷲尾絖一郎**

『マリンダイビング』元編集長。海洋ジャーナリスト。東京の下町に生まれ、著者とほぼ同じ景色を見て育つ。『マリンダイビング』編集長を務めていた三十年前、「東京湾の海中レポートをしたい」という著者の申し出を受けて連載を開始、ともに東京湾の海に潜った

リンダイビング』でやってみようということが決まりまして、私が担当者になったわけです。

**尾崎**　そうでしたね。あの当時、どこの出版社も、東京湾の汚れた海なんか見向きもしなかった。それだけに嬉しかったですね。

**鷲尾**　東京湾をレポートしたいという尾崎さんの意図は、何だったのですか。

**尾崎**　三十年前のことです。当時私は十五歳の頃よりずっと東京湾に潜っていた。その中で、高度経済成長と共に海や河川が汚染され、今後どのようになってゆくのか、その状況を知りたかったんです。そして、そこに棲んでいた魚介類や海藻などがどうなっているのか、そのことを記録に残しておきたかった。

**鷲尾**　実は、私も尾崎さんと同世代で、足立区の下町育ち。小学生の頃から荒川放水路でハゼやボラ、ウナギなどを釣っていた。また谷津や浦安で潮干狩りを楽しんでいたんです。高校生になると館山の臨海学校へ行き、潜って、手モリでアナゴを突いて遊んでいました。ですから汚染された東京湾には非常に興味があった。尾崎さんから東京湾のレポートをしたいという申し出を聞いて、他人事とは思えない、自分の郷里ともいえる東京湾の実情を知りたいと自ら志願したんです。若手に任せず、尾崎さんと同行取材をしました。

**尾崎**　どのくらいの期間やりましたかね？

**鷲尾**　平成元年から平成五年までです。五年間に三十回連載しました。全東京湾の有名スポットはほとんど潜りましたね。ところが一緒に取材して驚いたのは、海に潜ると尾崎さんの行動が豹変することです。

**尾崎**　え、どう変わるんですか？

**鷲尾**　まるで猟犬ですね。この海の特徴は何か？　その特徴を求めて、真っ先に見たいものに突進するんです。例えば、見たいハゼがいる場所に近づくと、じっと腰を据えて観察する。そしてジワジワと近づいて行く。

**尾崎**　ハゼに近づく場合、ハゼの背ビレを見るんです。背ビレを立てていたら、危険を感じて、これから逃げだそうとしている。それならば少し待とう。ところが背ビレを下げたら、安心している。それなら今、近づいても大丈夫という具合です（笑）。

**鷲尾**　そういう姿勢で、海藻や貝などは手に取って、触って、いちいち点検するんです。それは、まるで自分の庭の一部を確認しているような行動ですよ（笑）。

**尾崎**　それはそうですよ。三十年前と、現在の海がどう変わっているのか、それが知りたいんですから……。だから、ここによくいる魚はどこへ行ってしまったのか、貝はどうしたのか、海藻はどうなっているのか、それを個々に点検して行ったんです。

**鷲尾**　それにしても、よく魚介類の生態や位置が分かりますね。

**尾崎**　長年、その場所に潜って研究して来ましたからね。それと東京湾のレポートをしたいと思ったのは、千葉県側は比較的よく潜っていましたけど、三浦半島側はまだ潜っていない。だから反対側の海も潜ってみたい。横浜や横須賀側を調査することで、東京湾の全体が分かった。その結果、東京湾のどこが、どれほど公害で痛めつけられているのか、よく分かりました。そのデータが無ければ、次の時代のことも予測出来ないし、対策が立てられないですからね。

**鷲尾**　そうですね。だから毎月、雨が降っても、雪が降っても、尾崎さんと一緒に潜っていましたよ。特に冬の東京湾は寒い。風の強い浅瀬は水温六度。これだと、弱設定の冷蔵庫よりも寒い海に潜っている（笑）。震えながら海から上がると、目の前に東京ディズニーランドの明かりが煌々《こうこう》と輝いている。あそこでは熱いコーヒーを飲みながら、厚いコートを着て楽しんでいるんだろうな。調査というのは、こんなにも辛いものかとしみじみ思いましたよ。

**尾崎**　（爆笑）そんなことも、ありましたね。

**鷲尾**　そこで尾崎さんにお聞きしたいのは、平成元年の調査で見た東京湾と三十年前の原風景の東京湾。そして令和元年の現在の東京湾、それはどう違いますか？

**尾崎**　私が子供の頃遊んだ原風景の東京湾は、はっきりいってもう無いです。ただ平成元年の頃は、工場や家庭からの生活排水がたくさん流れ込んでいた時代なので綺麗ではなかった。例えば浦安や船橋の海は潮が上げて来ると綺麗になるんですけど、潮が引くと臭くて、汚ない海だった。では令和の今ではどうかといいますと、やはり戻らない海が湾奥であります。そのため人間の力では、元に戻すことは出来ないけど、それに近い海を作ることは出来ると思うんです。それはどういうことかというと、東京湾の海に砂を入れる場合、かつて東京の地下鉄を敷くために掘った砂やビル建設で出た砂を使って、無酸素状態の悪質なヘドロの上に撒いてやる。元来が東京湾の砂ですから、そうすることが自然回復に役立つと思うんです。

**鷲尾**　それでは、尾崎さんが少年時代の東京湾が百点だとすると、平成元年は何点で、令和元年は何点になりますか？

**尾崎**　そうですねえ。平成元年は四十点。令和元年は六十五点じゃないですか。

**鷲尾**　六十五点ですか。

**尾崎**　そうです。

## 海に親しむ教育が大切

**鷲尾**　では、令和の東京湾は、なぜ六十五点なのか。説明してください。

**尾崎**　これまで行政が東京湾にずっとやって来たことに対する証、つまり確証がないんです。努力をしているのは分かるんですけど、それに対して、魚介類なり、海藻類なりの環境がどう変化していったか、生息数はどうなったのか。私は聞いたことがありません。それと東京湾の周囲を、安全と称してバリケードを張り巡らしてしまっているでしょう。もっと人間と生物が交流できる環境を作らなければ駄目ですよ。そうしなければ”皆の海“という感覚が湧いて来ない。だから再生も遅いんです。

**鷲尾**　私が小学生の頃、潮干狩りをしたり、海水浴をしたりする場所がたくさんありました。今は非常に少ない。

**尾崎**　そうです。昔は遠足といったら、谷津遊園などで一日中海に触れていたり、潮風に当たって楽しんでいた。ところが今は、そういう環境がめっきり少なくなってしまっている。学校教育に”海で遊ぶ“という項目が無いんです。

**鷲尾**　そうですね。鳥インフルエンザが出たということで、学校では鶏を飼わないでしょう。それと同時に、関係もない小鳥まで飼わない。だから校庭は閑散としている。まずは安全第一主義なんです。それが問題なんですよ。

**尾崎**　結局、海は危ない所ということなんですね。……これは南オーストラリアのワイアラでの話です。そこでは小学生や中学生、高校生が、船に乗って釣りに行く。それが学校の授業なんです。家族も皆、見送りに港へ行く。この授業に賛成している。つまり幼い頃から釣りなどで海を知り、魚たちと親しくなる。そうすると海がいかに素晴らしいか、大切にしなければならないかということが分かる。それが授業なんです。国としては漁業の後継者を育てたいという意図があるんでしょうね。それとワイアラの沖にはイルカが棲んでいて、船が沖から帰ってくると、イルカも一緒に船と並んで帰って来る。そして船が港に着いて、人が降りると、今度はイルカが湾の外へ出て行く。つまりイルカは人をまったく恐れない。むしろ親近感を持って追いかけているんです。そういったイルカと人間の関係が、一体となった海の世界というのは素晴らしい。

**鷲尾**　そうですね。それは素晴らしい。

**尾崎**　それが子供の海に対する教育なんです。だから学校教育でも海に触れ合うという授業を、もっと多くして欲しいですね。そこから海に対するマナーなり、愛情なり、大事にしなければならないということが分かって来ます。そして強い意識も生まれるんですよ。

**鷲尾**　おっしゃる通りですね。

**尾崎**　今、東京湾でも漁師さんの後継者問題があります。学校で海は危険だという教育をしていたら漁師さんの後継者なんかは育たないですよ。

**鷲尾**　日本は海洋国家だといわれていますけど、実態は柵を作って海から人を遠ざけているばかりです。

**尾崎**　そうです。だから若い人に「東京湾とは何か？」と聞いても、東京湾で獲れた魚を食べているんでしょうけど、それも分からないし、直接海に触れたわけでもない。そうなるとどう評価していいか分からない。それが分かるような教育をして欲しいですね。

**鷲尾**　おっしゃる通りですね。

## 野島公園のような施設がたくさん欲しい

**尾崎**　もう一ついいたいことは、東京湾は黒潮が流れ込んでいる。この流れを遮るような開発をしては駄目だということです。東京湾というのは、高尾山を逆さにして、スッポリと収めたような深い底を持っている。そこへ黒潮が流れ込んでいる。だから、そこに建造物を作ると潮の流れが変わってしまう。良い例が、観音崎の水路に産卵期になるとスズキが大群で集まっていて、それは凄い数でした。産卵のために待機しているんです。タコだって、何千もの群れを作ってゾロゾロと移動していますからね。

**鷲尾**　大切な場所だったんですね。

**尾崎**　そうです。そういう生態があるんです。だから、それを妨げてはならない。金谷辺りではタカアシガニも棲んでいたり、大貫辺りではタチウオの群れがいたりします。つまり東京湾は黒潮が流れ込むため、魚介類が豊富だということ。それと東京湾の魅力には四季があるということですね。そのため旬の魚が見られたり、釣れたりします。だからそういう海の環境をしっかり守らなければならないと思うんです。

**鷲尾**　海の環境といえば、今年の六月に横浜の金沢区にある野島公園へ尾崎さんと一緒に行きました。ここは伊藤博文の別荘地跡を公園にしたもので、平潟湾があり、遠浅の海を利用して、泳いだり、潮干狩りをしたり、釣りを楽しんだり、カヌーをこいだり、バーベキューをやったり、キャンプを楽しめる場所なんです。

**尾崎**　市民が海に、ごく自然に触れ合うことが出来る。実に上手に考えられた公園ですね。ここへ来たら海岸にゴミを捨てたり、魚介類をいじめたりなんかしないですよ。宿泊もテントで出来る。海と一体となって遊べる。この例を東京湾に接する千葉県など各地域でも取り上げて欲しいですね。そうすればもっと市民と海が近くなる。ところが、安全のための護岸ということかも知れませんが、海の周囲をバリケードで囲ってしまう。人が入らないようにね。これでは海と人との距離が出来てしまって、海の文化が生まれない。東京湾の行政に一番欠けていて、弱いところじゃないですか。やはり将来を担うのは子供達たちですよ。だから子供達に東京湾の何かを見せて、何かを知ってもらうことが大切なんです。そして、授業でも生物に親しむという教育を、もっと教えて欲しい。ズボンの膝をまくって、海で遊び、そこに棲む生物と親しむ。そういう教育が必要なんです。そういう教育が東京湾の再生につながるんですよ。

**鷲尾**　私と尾崎さんが東京湾に潜っていた時は、東京湾の生物はまったく認知されていなくて、一部の学者や研究者だけの世界。実に淋しい状況でした。しかし、今は「東京湾大感謝祭」など十万人を超える人が参加している。そして東京湾の環境や将来のことを考える人達であふれている。これは素晴らしいことです。

**尾崎**　そうですね。これらのことがきっかけとなり、東京湾が、昔のように、完全とはいわないまでも再生されればいいです。

**鷲尾**　東京湾の海は、下町に育った私達にとっては、ある意味では〝故郷の海〟なんです。それだけにかつて遊んだような東京湾に戻って欲しいですね。

**尾崎**　そのためにこの本を書いたんですけど、参考になってもらえれば幸いです。今日は、ありがとうございました。

（2019年9月19日／つり人社）

# あとがき

このたび東京湾の本を書くに当たって、多くの有識者の意見を聞いて勉強になりました。その中で特に気になったのは、浅場の海です。それも砂地です。砂地には、”生きている砂地“と”死んでしまった砂地“があります。生きた砂地には多くの生物が生息しています。一方で、死んだ砂地は、まさに無の世界です。これはヘドロを吸い上げ、新しい砂を入れ替えて生き返らせて欲しい。

もう一つは、現状では東京湾の大半が、バリケードで囲われてしまっているようなものだということです。そこには釣り人の姿も、家族が楽しむ姿もありません。一般市民が東京湾から隔離されてしまっている。これでは海を楽しむ文化は生まれません。横浜の野島公園のような施設が、もっとたくさんあればと思います。家族で潮干狩りをしたり、親子で釣りをしたり、人と海をつなぐ環境が必要です。

また、首都圏の学校では、東京湾は「郷土の海」なのだということを先生と生徒さんで考えて欲しい。そのうえで、潮干狩りや臨海学校のような行事で楽しむといいと思います。そこで芽生える海への思いが、東京湾の今後の再生に繋がるはずです。

福島第一原発事故のその後も気になります。

東京の下町に生まれ育った私が東京湾に潜り、ウオッチし続けてきたこの60年間は、生物にとってまさに激動・激変の時代でした。変化は今も、これからも続いていくのでしょう。東京湾の海の生物にとって、少しでもよい方向へ進んでいくことを願って止みません。

本書の出版にご尽力いただいた（株）つり人社山根和明社長、執筆に助言をいただいた『マリンダイビング』元編集長・鷲尾絖一郎氏、荒川寛幸氏、魚地司郎氏に心より感謝します。また、わがままな私の日常を常に支え、理解を示してくれた妻の直子にも、この場を借りて深く感謝したいと思います。

令和元年九月　　尾崎幸司

## 参考文献

『東京湾の漁業と環境』（中央水産研究所）
『東京湾の魚類』監修　河野博（平凡社）
『東京湾 魚の自然誌』監修　河野博（平凡社）
『東京の環境を考える』編　神田順、佐藤宏之（朝倉書店）
『江戸前の素顔』藤井克彦（つり人社）
『江戸前の魚喰いねえ！―豊饒の海東京湾』編　磯部雅彦（東京新聞出版部）
『どうなる東京湾の干潟の生き物』香原知志（大日本図書）
『東京湾で魚を追う』大野一敏・敏夫（草思社）
『東京湾再生計画―よみがえれ江戸前の魚たち』小松正之、尾上一朗、望月賢二（雄上閣）
『全・東京湾』中村征夫（情報センター出版局）
『誰も知らない東京湾―江戸前の海と魚はいま』一柳洋（農山漁村文化協会）
『さかなクンの東京湾生きもの図鑑』さかなクン（講談社）
『月刊マリンダイビング』（水中造形センター）

著者プロフィール

## 尾崎幸司（おざき・こうじ）

一九四四年、東京生まれ。十五歳からスキューバダイビングを始める。十七歳で「東京シーハント」ダイビングショップを開く。映像カメラマンとして、NHK「ウォッチング」（一九九三）、フジテレビ「なるほど！ザ・ワールド」、NHK「生きもの地球紀行」（一九九五）、「東京湾のタコの多彩な知恵」（一九九七）を撮影。その後、NHK「ダーウィンが来た！」「ワイルドライフ」などの番組で、撮影のためオーストラリアやインドネシア、タイ、アメリカ、マレーシアなどを歴訪。タコやヒメコウイカ、ハナイカ、ウミウシ、シャコガイ、カエルアンコウ、カワハギ、クロダイ、アオリイカ、メバルなどの貴重な生態を業務用カメラで撮影し、魚類学者から高い評価を受ける。なお撮影の他に、養鰻やドライスーツの開発、公官庁の職員へダイビング指導など、多才ぶりを発揮している。

**「江戸前《えどまえ》の海《うみ》」が「サンゴ礁《しょう》の海《うみ》」になる？**
**東京湾《とうきょうわん》 生物《せいぶつ》の不思議《ふしぎ》・最前線《さいぜんせん》**

2019年11月1日発行

著　者　尾崎幸司
発行者　山根和明
発行所　株式会社つり人社

〒101－8408　東京都千代田区神田神保町1-30-13
TEL 03-3294-0781（営業部）
TEL 03-3294-0766（編集部）
印刷・製本　図書印刷株式会社


ISBN978-4-86447-340-8 C2075
つり人社ホームページ　https://www.tsuribito.co.jp/
つり人オンライン https://web.tsuribito.co.jp/
釣り人道具店　http://tsuribito-dougu.com/
つり人チャンネル（You Tube）
https://www.youtube.com/channel/UCOsyeHNb_Y2VOHqEiV-6dGQ